2022 GUIZHOU KEJI TONGJI NIANJIAN

2022贵州科技统计年鉴

贵州省科学技术厅　贵州省统计局　编

贵州科技出版社

图书在版编目(CIP)数据

2022贵州科技统计年鉴／贵州省科学技术厅，贵州省统计局编． -- 贵阳：贵州科技出版社，2023.3
 ISBN 978-7-5532-1179-4

Ⅰ．①2… Ⅱ．①贵… ②贵… Ⅲ．①科技统计-贵州-2022-年鉴 Ⅳ．①G322.773-54

中国国家版本馆CIP数据核字(2023)第047247号

出版发行	贵州科技出版社
地　　址	贵阳市观山湖区会展东路SOHO区A座（邮政编码:550081）
网　　址	http://www.gzstph.com
出 版 人	王立红
经　　销	全国各地新华书店
印　　刷	深圳市新联美术印刷有限公司
版　　次	2023年3月第1版
印　　次	2023年3月第1次
字　　数	480千字
印　　张	16.75
开　　本	889 mm×1194 mm　1/16
书　　号	ISBN 978-7-5532-1179-4
定　　价	70.00元

天猫旗舰店:http://gzkjcbs.tmall.com
京东专营店:http://mall.jd.com/index-10293347.html

《2022 贵州科技统计年鉴》编辑委员会及编辑人员

编辑委员会

主　　任	廖　飞　王文忠　肖云慧
副 主 任	杨　松　邓　曼
委　　员	陈　积　程大利　万　义　陈财慧　王　衡
	王华明　徐国敏　冯卫东　项志宏　熊　庆
	石　磊　黎　玥　赵仕方　敖　剑　赵　阳
	胡　锐　张　磊

编辑人员

主　　编	苏家建
副 主 编	贺　明　穆仕华
编辑人员	田　明　张贵平　李定猛　孟　波　韩　韦
	黄利元　张万军　郑　红　李　冰　欧佩英
	毛建波　张敏灵　吴　莹　周　阳　黄　琳
	周　慧　冯　益　敖发萍

编者说明

《2022贵州科技统计年鉴》是由贵州省科学技术厅和贵州省统计局共同编写的反映贵州省2021年度科技活动情况的统计资料汇编。

全书内容由八部分组成。第一部分为综合统计资料；第二部分为科学研究和技术服务业事业单位统计资料；第三部分为规模以上工业企业统计资料；第四部分为高等院校统计资料；第五部分为高技术产业统计资料；第六部分为高新技术企业统计资料；第七部分为科技活动成果(包括专利、技术市场、科技成果登记)统计资料；第八部分为企业创新活动统计资料。统计资料来源于贵州省科学技术厅、贵州省统计局、贵州省教育厅、贵州省知识产权局。

本书有关符号说明：

"空格"表示该项统计指标数据不足本表最小单位；

"—"表示无该项统计指标；

"#"表示对应的统计指标其中的主要项。

本书中因小数取舍而产生的误差均未做配平处理。

对于本年鉴中出现的疏漏和不妥之处，敬请读者批评指正。我们将不断充实和完善科技统计资料，提高《贵州科技统计年鉴》的编辑水平，更好地服务于贵州省经济社会发展和科技管理工作。

在此，对有关单位和人员对本书出版给予的支持表示衷心感谢！

编 者

2022年10月

目 录

一、综 合 ... 1
- 1-1　贵州省行政区划 ... 3
- 1-2　贵州省科技综合情况年报 ... 4
- 1-3　贵州省研究与试验发展(R&D)人员 ... 5
- 1-4　贵州省 R&D 经费内部支出 ... 6
- 1-5　贵州省 R&D 经费外部支出 ... 7
- 1-6　贵州省各地区 R&D 经费投入强度 ... 7

二、科学研究和技术服务业事业单位 ... 9
- 2-1　机构、人员和经费 ... 11
- 2-2　人　员 ... 13
- 2-3　科技活动人员按工作性质分类 ... 14
- 2-4　科技活动人员按学历和职称分类 ... 15
- 2-5　经费收入 ... 16
- 2-6　经费支出 ... 20
- 2-7　科技课题 ... 24
- 2-8　课题经费内部支出按活动类型分类 ... 30
- 2-9　课题人员折合全时工作量按活动类型分类 ... 30
- 2-10　专　利 ... 31
- 2-11　论文、著作及其他科技产出 ... 32
- 2-12　R&D 人员 ... 33
- 2-13　R&D 人员折合全时工作量 ... 34
- 2-14　R&D 经费内部支出(一) ... 35
- 2-15　R&D 经费内部支出(二) ... 36
- 2-16　R&D 经费外部支出 ... 38
- 2-17　R&D 经费日常性支出 ... 39
- 2-18　对外科技服务活动 ... 40

三、规模以上工业企业 ... 41

- 3-1 基本情况 ... 43
- 3-2 R&D 人员 ... 45
- 3-3 R&D 经费 ... 48
- 3-4 R&D 项目 ... 54
- 3-5 企业办科技机构 ... 57
- 3-6 自主知识产权保护 ... 60
- 3-7 新产品 ... 62
- 3-8 政府相关政策落实情况 ... 65
- 3-9 技术获取和技术改造情况 ... 68

四、高等院校 ... 71

- 4-1 理工农医类 R&D 人员 ... 73
- 4-2 理工农医类 R&D 经费 ... 74
- 4-3 理工农医类 R&D 活动产出 ... 75
- 4-4 理工农医类 R&D 项目（课题） ... 76
- 4-5 理工农医类研究机构 ... 76
- 4-6 人文、社会科学类 R&D 人员 ... 77
- 4-7 人文、社会科学类 R&D 经费 ... 78
- 4-8 人文、社会科学类 R&D 活动产出 ... 79
- 4-9 人文、社会科学类 R&D 项目（课题） ... 80
- 4-10 人文、社会科学类研究机构 ... 80

五、高技术产业 ... 81

- 5-1 基本情况 ... 83
- 5-2 R&D 人员 ... 84
- 5-3 R&D 经费 ... 85
- 5-4 R&D 项目 ... 86
- 5-5 企业办研发机构 ... 87
- 5-6 专　利 ... 88
- 5-7 新产品开发及销售 ... 89
- 5-8 技术获取和技术改造 ... 90

六、高新技术企业 ... 91

- 6-1 历年基本情况（2017—2021） ... 93
- 6-2 当年基本情况 ... 94
- 6-3 收　入 ... 106

6-4	税　费	116
6-5	资　产	126
6-6	从业人员	132
6-7	科技活动人员	138
6-8	科技活动经费	144
6-9	企业办科技机构	156
6-10	自主知识产权保护	161
6-11	科技活动的其他产出	166
6-12	科技活动的其他相关情况	171
6-13	科技项目	175
6-14	R&D项目	180

七、科技活动成果 185

7-1	历年专利授权数（2017—2021）	187
7-2	历年有效发明专利数（2017—2021）	190
7-3	专利授权数	191
7-4	历年技术市场合同登记情况（2017—2021）	194
7-5	历年技术吸纳合同登记情况（2017—2021）	196
7-6	技术市场合同登记情况	199
7-7	技术吸纳合同登记情况	202
7-8	历年科技成果登记情况（2017—2021）	205
7-9	科技成果登记情况	207

八、企业创新活动 213

8-1	规模（限额）以上企业创新活动总体情况	215
8-2	规模（限额）以上企业产品和工艺创新情况	222
8-3	规模（限额）以上企业创新活动类型	228
8-4	规模（限额）以上企业创新费用支出情况	234
8-5	规模（限额）以上企业创新合作情况	240
8-6	规模（限额）以上企业组织和营销创新情况	246
8-7	规模（限额）以上企业保持和提高竞争力采取措施	252

一 综 合

1－1 贵州省行政区划

市(州)名称(9个)	行政区划代码	电话区号	邮政编码	县(市、区、特区)名称(行政区划代码)
贵阳市	5201	0851	550000	南明区(520102) 云岩区(520103) 花溪区(520111) 乌当区(520112) 白云区(520113) 观山湖区(520115) 开阳县(520121) 息烽县(520122) 修文县(520123) 清镇市(520181)
六盘水市	5202	0858	553000	钟山区(520201) 六枝特区(520203) 水城区(520204) 盘州市(520281)
遵义市	5203	0851	563000	红花岗区(520302) 汇川区(520303) 播州区(520304) 桐梓县(520322) 绥阳县(520323) 正安县(520324) 道真仡佬族苗族自治县(520325) 务川仡佬族苗族自治县(520326) 凤冈县(520327) 湄潭县(520328) 余庆县(520329) 习水县(520330) 赤水市(520381) 仁怀市(520382)
安顺市	5204	0851	561000	西秀区(520402) 平坝区(520403) 普定县(520422) 镇宁布依族苗族自治县(520423) 关岭布依族苗族自治县(520424) 紫云苗族布依族自治县(520425)
毕节市	5205	0857	551700	七星关区(520502) 大方县(520521) 金沙县(520523) 织金县(520524) 纳雍县(520525) 威宁彝族回族苗族自治县(520526) 赫章县(520527) 黔西市(520581)
铜仁市	5206	0856	554300	碧江区(520602) 万山区(520603) 江口县(520621) 玉屏侗族自治县(520622) 石阡县(520623) 思南县(520624) 印江土家族苗族自治县(520625) 德江县(520626) 沿河土家族自治县(520627) 松桃苗族自治县(520628)
黔西南布依族苗族自治州	5223	0859	562400	兴义市(522301) 兴仁市(522302) 普安县(522323) 晴隆县(522324) 贞丰县(522325) 望谟县(522326) 册亨县(522327) 安龙县(522328)
黔东南苗族侗族自治州	5226	0855	556000	凯里市(522601) 黄平县(522622) 施秉县(522623) 三穗县(522624) 镇远县(522625) 岑巩县(522626) 天柱县(522627) 锦屏县(522628) 剑河县(522629) 台江县(522630) 黎平县(522631) 榕江县(522632) 从江县(522633) 雷山县(522634) 麻江县(522635) 丹寨县(522636)
黔南布依族苗族自治州	5227	0854	558000	都匀市(522701) 福泉市(522702) 荔波县(522722) 贵定县(522723) 瓮安县(522725) 独山县(522726) 平塘县(522727) 罗甸县(522728) 长顺县(522729) 龙里县(522730) 惠水县(522731) 三都水族自治县(522732)

1-2 贵州省科技综合情况年报

项 目	计量单位	2021 年	2020 年	增幅/%
研究与试验发展（R&D）人员情况				
R&D 人员合计	人	77 390	71 604	8.1
#女性	人	21 057	19 459	8.2
#研究人员	人	37 816	34 294	10.3
#①全时人员	人	39 246	38 338	2.4
②非全时人员	人	38 144	33 266	14.7
#①博士毕业	人	6 393	5 432	17.7
②硕士毕业	人	14 097	12 573	12.1
③本科毕业	人	30 931	29 292	5.6
④其他学历	人	25 969	24 307	6.8
R&D 人员折合全时当量合计	人年	43 084.1	41 496.4	3.8
#研究人员	人年	19 964.8	19 197.8	4.0
#①基础研究人员	人年	6 160.8	6 068.0	1.5
②应用研究人员	人年	8 791.3	7 234.3	21.5
③试验发展人员	人年	28 131.6	28 193.8	-0.2
研究与试验发展（R&D）经费情况				
R&D 经费内部支出合计	万元	1 803 505.5	1 617 089.9	11.5
#①基础研究支出	万元	158 705.7	147 190.1	7.8
②应用研究支出	万元	254 831.0	208 591.2	22.2
③试验发展支出	万元	1 389 968.9	1 261 308.7	10.2
#①日常性支出	万元	1 646 180.9	1 406 295.9	17.1
#人员劳务费	万元	515 476.4	454 153.4	13.5
②资产性支出	万元	157 324.8	210 794.1	-25.4
#仪器和设备	万元	114 503.8	167 944.5	-31.8
#①政府资金	万元	417 701.3	434 585.3	-3.9
②企业资金	万元	1 333 214.2	1 149 983.1	15.9
③境外资金	万元	9 253.1	123.5	7 392.4
④其他资金	万元	43 337.0	32 398.0	33.8
R&D 经费外部支出合计	万元	146 596.2	162 014.3	-9.5
#对境内研究机构支出	万元	16 843.5	33 999.1	-50.5
对境内高等学校支出	万元	11 181.2	10 033.2	11.4
对境内企业支出	万元	92 866.0	114 953.1	-19.2
对境外支出	万元	1 209.4	1 464.7	-17.4
研究与试验发展（R&D）项目（课题）情况				
项目（课题）数	项	32 364.0	28 445.0	13.8
项目（课题）人员折合全时当量	人年	41 910.0	38 260.1	9.5
#研究人员	人年	17 889.3	16 430.8	8.9
项目（课题）经费内部支出	万元	1 619 553.7	1 396 632.5	16.0

1-3 贵州省研究与试验发展(R&D)人员

分　布	R&D人员/人	#女性	#研究人员	按工作量分		按学历分			
				全时人员	非全时人员	博士毕业	硕士毕业	本科毕业	其他学历
总　计	77 390	21 057	37 816	39 246	38 144	6 393	14 097	30 931	25 969
按地区									
贵阳市	35 242	11 425	21 631	17 007	18 235	—	—	—	—
六盘水市	6 781	809	1 455	2 790	3 991	—	—	—	—
遵义市	10 405	2 410	4 448	5 176	5 229	—	—	—	—
安顺市	5 369	1 532	2 155	3 351	2 018	—	—	—	—
毕节市	2 533	532	1 268	1 171	1 362	—	—	—	—
铜仁市	2 392	758	1 211	1 316	1 076	—	—	—	—
黔西南布依族苗族自治州	4 603	898	1 406	2 644	1 959	—	—	—	—
黔东南苗族侗族自治州	2 814	776	1 212	1 190	1 624	—	—	—	—
黔南布依族苗族自治州	5 738	1 555	2 155	3 488	2 250	—	—	—	—
按执行部门									
高等院校	20 430	8 981	17 305	5 629	14 801	5 302	9 096	5 577	455
企业	49 977	9 788	15 385	28 621	21 356	203	2 540	22 745	24 489
#规模以上工业企业	44 499	8 776	13 260	26 173	18 326	180	2 141	19 737	22 441
重点建筑业和服务业企业	5 471	1 012	2 125	2 441	3 030	23	399	3 008	2 041
其他	6 983	2 288	5 126	4 996	1 987	888	2 461	2 609	1 025

分　布	R&D人员折合全时当量/人年	#研究人员	按活动类型分		
			基础研究	应用研究	试验发展
总　计	43 084.1	19 964.8	6 160.8	8 791.3	28 131.6
按地区					
贵阳市	19 464.8	11 440.1	4 169.5	4 811.9	10 483.4
六盘水市	3 548.7	802.3	42.6	136.5	3 369.6
遵义市	5 859.3	2 545.7	879.0	695.4	4 284.9
安顺市	2 907.5	1 118.1	110.5	160.9	2 636.1
毕节市	1 482.6	770.3	183.3	375.3	923.0
铜仁市	1 102.8	455.0	133.4	184.8	784.6
黔西南布依族苗族自治州	2 308.4	662.2	99.8	1 088.6	1 121.0
黔东南苗族侗族自治州	1 422.6	464.4	124.4	619.2	679.0
黔南布依族苗族自治州	3 808.6	1 162.8	135.2	352.9	3 321.5
按执行部门					
高等院校	7 309.3	6 457.9	3 870.7	3 117.4	321.2
企业	30 082.1	9 541.1	210.0	4 105.7	25 766.3
#规模以上工业企业	26 716.5	8 246.1	178.9	3 450.9	23 086.7
重点建筑业和服务业企业	3 358.6	1 295.0	31.1	654.8	2 672.7
其他	5 692.7	3 965.8	2 080.1	1 568.2	2 044.1

1－4　贵州省 R&D 经费内部支出

单位:万元

分　布	R&D 经费内部支出	按活动类型分		
		基础研究	应用研究	试验发展
总　计	1 803 505.5	158 705.7	254 831.0	1 389 968.9
按地区				
贵阳市	873 195.7	94 455.6	137 805.2	640 934.9
六盘水市	126 955.4	1 595.6	5 094.3	120 265.5
遵义市	223 976.5	23 102.7	18 596.2	182 277.7
安顺市	112 861.1	2 296.8	5 743.4	104 820.9
毕节市	41 519.5	2 233.2	7 840.4	31 445.8
铜仁市	74 714.0	4 765.7	6 824.6	63 123.7
黔西南布依族苗族自治州	105 754.5	2 933.3	33 565.9	69 255.3
黔东南苗族侗族自治州	41 583.3	4 077.6	12 796.0	24 709.7
黔南布依族苗族自治州	136 232.1	3 386.0	9 004.4	123 841.6
按执行部门				
高等院校	203 452.0	91 826.6	92 013.4	19 612.1
企业	1 420 729.8	5 602.7	115 798.4	1 299 328.7
#规模以上工业企业	1 210 566.9	4 909.4	93 478.0	1 112 179.5
重点建筑业和服务业企业	204 981.7	693.3	22 320.4	181 968.0
其他	179 323.7	61 276.4	47 019.2	71 028.1

分　布	按支出用途分				按资金来源分			
	日常性支出	#人员劳务费	资产性支出	#仪器和设备	政府资金	企业资金	境外资金	其他资金
总　计	1 646 180.9	515 476.4	157 324.8	114 503.8	417 701.3	1 333 214.2	9 253.1	43 337.0
按地区								
贵阳市	793 309.3	269 039.4	79 886.4	66 948.7	280 946.4	572 636.1		19 613.2
六盘水市	118 319.2	35 183.6	8 636.2	7 878.5	4 547.4	121 012.0		1 396.0
遵义市	203 111.8	55 423.4	20 864.8	16 074.9	36 216.1	174 282.6	9 253.1	4 224.7
安顺市	106 371.8	30 306.1	6 489.4	5 550.4	10 207.2	97 053.7		5 600.2
毕节市	38 027.1	17 029.3	3 492.4	2 760.6	12 838.2	27 357.5		1 323.7
铜仁市	70 582.5	13 666.2	4 131.5	1 613.8	5 187.0	67 476.4		2 050.6
黔西南布依族苗族自治州	101 199.7	23 479.0	4 554.8	4 115.4	4 021.7	100 374.9		1 357.9
黔东南苗族侗族自治州	39 715.5	12 175.3	1 867.7	1 436.0	3 668.3	34 930.1		2 984.9
黔南布依族苗族自治州	132 380.0	32 626.7	3 852.1	2 983.2	5 989.4	128 221.8		2 020.9
按执行部门								
高等院校	147 412.6	48 225.7	56 039.5	37 561.0	131 330.3	41 789.0		30 332.8
企业	1 354 227.4	374 387.9	66 502.5	64 340.9	127 097.7	1 280 012.9	9 253.1	4 366.1
#规模以上工业企业	1 145 502.2	302 375.9	65 064.7	63 007.5	123 529.7	1 073 418.0	9 253.1	4 366.1
重点建筑业和服务业企业	203 669.4	70 567.8	1 312.3	1 215.7	3 568.0	201 413.7		
其他	144 540.9	92 862.8	34 782.8	12 601.9	159 273.3	11 412.3		8 638.1

1-5 贵州省R&D经费外部支出

单位:万元

分 布	R&D经费外部支出	对境内研究机构支出	对境内高等学校支出	对境内企业支出	对境外支出
总 计	146 596.2	16 843.5	11 181.2	92 866.0	1 209.4
按地区					
贵阳市	100 272.4	7 319.0	7 169.7	83 015.4	1 076.8
六盘水市	835.6	57.5	117.9	660.2	
遵义市	4 982.8	1 803.6	1 558.8	1 550.7	0.1
安顺市	7 230.1	2 946.4	187.2	3 955.5	131.0
毕节市	1 453.4	11.0	434.1	997.3	
铜仁市	657.6	5.7	527.8	124.1	
黔西南布依族苗族自治州	1 602.5	250.6	385.7	964.7	1.5
黔东南苗族侗族自治州	654.4	101.4	197.2	355.8	
黔南布依族苗族自治州	1 845.4	299.3	582.8	963.3	
按执行部门					
高等院校	4 071.3	893.2	1 149.4	958.6	1 064.1
企业	110 088.9	11 540.5	9 237.0	89 166.1	145.3
#规模以上工业企业	89 802.6	10 009.2	8 477.5	71 183.6	132.3
重点建筑业和服务业企业	20 286.3	1 531.3	759.5	17 982.5	13.0
其他	32 436.0	4 409.8	794.8	2 741.3	

1-6 贵州省各地区R&D经费投入强度

单位:%

地 区	2021年	2020年	2019年	2018年	2017年	2016年
贵州省	0.92	0.91	0.86	0.79	0.70	0.62
贵阳市	1.85	1.72	1.76	1.56	1.45	1.28
六盘水市	0.86	0.89	0.88	0.91	0.41	0.73
遵义市	0.54	0.51	0.37	0.43	0.40	0.36
安顺市	1.05	0.98	0.80	0.59	0.55	0.51
毕节市	0.19	0.19	0.34	0.29	0.29	0.15
铜仁市	0.51	0.38	0.56	0.47	0.47	0.31
黔西南布依族苗族自治州	0.70	0.92	0.91	0.78	0.72	0.44
黔东南苗族侗族自治州	0.33	0.30	0.31	0.45	0.36	0.66
黔南布依族苗族自治州	0.78	0.86	0.54	0.29	0.42	0.34

注:R&D经费投入强度指R&D经费内部支出与地区生产总值之比。

二 科学研究和技术服务业事业单位

二　科学研究和技术服务业事业单位

2-1　机构、人员和经费

分　布	机构数/个	从业人员/人	#科技活动人员（不含外聘的流动学者和在读研究生）	#本科及以上学历	经费收入总额/万元	#科技活动收入	经费内部支出总额/万元	#科技经费内部支出
总　计	207	17 524	13 124	10 691	647 597	456 472	633 779	427 820
按地区								
贵阳市	103	10 490	8 199	7 045	428 986	314 067	422 210	300 928
六盘水市	9	1 009	471	346	30 945	14 643	30 989	12 885
遵义市	12	1 518	883	684	54 399	23 748	52 237	19 310
安顺市	22	821	746	548	21 754	19 070	22 850	14 812
毕节市	30	1 234	942	727	32 505	23 733	30 626	20 636
铜仁市	6	496	383	316	16 684	15 368	15 970	14 407
黔西南布依族苗族自治州	6	396	388	302	14 021	12 930	13 679	12 479
黔东南苗族侗族自治州	13	919	637	528	25 070	18 648	23 276	17 099
黔南布依族苗族自治州	6	641	475	195	23 234	14 267	21 942	15 263
按隶属关系								
中央部门属	2	629	542	487	53 517	47 230	50 398	47 340
#中国科学院	1	440	421	397	30 035	25 301	28 189	26 402
地方部门属	205	16 895	12 582	10 204	594 081	409 243	583 382	380 481
#省级部门属	132	14 101	10 432	8 479	522 038	359 711	516 962	334 016
地市级部门属	67	2 607	2 060	1 667	68 872	49 015	63 115	45 847
按国民经济行业								
农、林、牧、渔业	44	2 397	2 192	1 899	75 518	67 480	73 949	60 198
农业	25	1 509	1 412	1 202	46 704	40 829	47 367	39 864
林业	7	312	278	235	10 788	9 939	9 707	5 551
畜牧业	5	294	249	227	11 083	10 379	10 099	8 961
渔业	2	77	63	60	1 909	1 595	2 130	1 881
农、林、牧、渔专业及辅助性活动	5	205	190	175	5 035	4 738	4 646	3 941
制造业	3	160	140	137	5 653	5 171	4 379	3 680
橡胶和塑料制品业	1	83	83	81	2 256	2 256	2 107	2 089
专用设备制造业	1	50	40	39	1 677	1 203	1 877	1 250
仪器仪表制造业	1	27	17	17	1 721	1 713	395	341
电力、热力、燃气及水生产和供应业	1	106	66	58	855	855	909	909
电力、热力生产和供应业	1	106	66	58	855	855	909	909
建筑业	2	237	96	90	13 216	1 488	8 834	1 612
房屋建筑业	1	103			10 316		5 933	
土木工程建筑业	1	134	96	90	2 901	1 488	2 901	1 612

续 2-1

分 布	机构数/个	从业人员/人	#科技活动人员(不含外聘的流动学者和在读研究生)	#本科及以上学历	经费收入总额/万元	#科技活动收入	经费内部支出总额/万元	#科技经费内部支出
信息传输、软件和信息技术服务业	2	148	110	102	4 952	4 760	8 735	8 258
软件和信息技术服务业	2	148	110	102	4 952	4 760	8 735	8 258
科学研究和技术服务业	146	13 906	10 113	8 033	526 477	358 219	515 450	334 976
研究和试验发展	22	1 875	1 542	1 393	72 706	57 334	70 657	60 074
专业技术服务业	109	11 655	8 209	6 374	443 146	291 170	434 821	266 921
科技推广和应用服务业	15	376	362	266	10 626	9 714	9 971	7 981
水利、环境和公共设施管理业	5	293	271	244	8 843	8 498	9 433	8 017
水利管理业	1	86	77	72	2 556	2 408	2 907	2 744
生态保护和环境治理业	4	207	194	172	6 287	6 089	6 526	5 273
公共设施管理业								
卫生和社会工作	1	158	17	15	2 639	808	2 560	840
卫生	1	158	17	15	2 639	808	2 560	840
文化、体育和娱乐业	1	27	27	25	714	681	739	707
体育	1	27	27	25	714	681	739	707
公共管理、社会保障和社会组织	2	92	92	88	8 730	8 513	8 792	8 624
国家机构	1	62	62	59	1 407	1 407	1 455	1 455
社会保障	1	30	30	29	7 323	7 106	7 337	7 169
按学科领域								
自然科学领域	50	6 592	4 777	3 728	286 997	199 031	283 687	185 049
农业科学领域	58	3 059	2 783	2 349	93 904	84 177	92 263	75 514
医学科学领域	9	670	462	445	16 659	14 255	16 511	13 766
工程科学与技术领域	76	6 590	4 528	3 661	231 544	142 056	223 765	136 979
社会、人文科学领域	14	613	574	508	18 493	16 954	17 554	16 513
按机构中从事科技活动人员规模								
500~999人	1	509	418	254	15 550	12 095	15 707	13 825
300~499人	4	1 461	1 032	878	48 246	34 459	50 635	39 596
200~299人	15	3 561	2 116	1 400	136 428	77 304	136 678	72 885
100~199人	40	5 715	3 948	3 358	241 846	167 403	230 735	144 164
50~99人	55	3 990	3 520	3 020	126 780	96 934	129 019	97 430
30~49人	30	1 190	1 099	955	44 636	39 254	39 966	34 266
20~29人	28	691	621	536	21 652	17 798	21 422	17 326
10~19人	23	333	298	236	11 111	10 083	8 161	7 092
0~9人	11	74	72	54	1 349	1 143	1 456	1 236

2-2 人员

单位:人

分 布	从业人员	#科技活动人员(不含外聘的流动学者和在读研究生)	#女性	外聘的流动学者	非本单位在读研究生	离退休人员
总 计	17 524	13 124	4 465	252	774	18 911
按地区						
贵阳市	10 490	8 199	3 096	161	774	9 015
六盘水市	1 009	471	139	5		2 016
遵义市	1 518	883	225	34		2 316
安顺市	821	746	223	20		1 047
毕节市	1 234	942	275	15		1 278
铜仁市	496	383	134			721
黔西南布依族苗族自治州	396	388	112			479
黔东南苗族侗族自治州	919	637	175			989
黔南布依族苗族自治州	641	475	86	17		1 050
按隶属关系						
中央部门属	629	542	179	20	376	530
#中国科学院	440	421	152	20	376	247
地方部门属	16 895	12 582	4 286	232	398	18 381
#省级部门属	14 101	10 432	3 560	189	396	17 056
地市级部门属	2 607	2 060	693	43	2	1 207

2-3 科技活动人员按工作性质分类

单位：人

分　布	科技活动人员数（不含外聘的流动学者和在读研究生）	科技管理人员	课题活动人员	科技服务人员	生产经营活动人员	其他人员
总　计	13 124	2 285	8 884	1 955	2 540	1 860
按地区						
贵阳市	8 199	1 444	5 872	883	1 472	819
六盘水市	471	104	297	70	357	181
遵义市	883	147	439	297	334	301
安顺市	746	189	363	194	49	26
毕节市	942	152	558	232	126	166
铜仁市	383	69	278	36	20	93
黔西南布依族苗族自治州	388	54	287	47		8
黔东南苗族侗族自治州	637	90	440	107	80	202
黔南布依族苗族自治州	475	36	350	89	102	64
按隶属关系						
中央部门属	542	67	298	177	11	76
#中国科学院	421	48	217	156	1	18
地方部门属	12 582	2 218	8 586	1 778	2 529	1 784
#省级部门属	10 432	1 854	7 182	1 396	2 270	1 399
地市级部门属	2 060	345	1 345	370	164	383
按学科领域						
自然科学领域	4 777	799	3 253	725	1 005	810
农业科学领域	2 783	450	2 021	312	26	250
医学科学领域	462	58	341	63	34	174
工程科学与技术领域	4 528	851	2 869	808	1 475	587
社会、人文科学领域	574	127	400	47		39

2-4 科技活动人员按学历和职称分类

单位:人

分布	科技活动人员数(不含外聘的流动学者和在读研究生)	学历					职称			
		博士	硕士	本科	大专	其他	高级	中级	初级	其他
总　计	13 124	769	2 987	6 935	1 545	888	3 762	4 272	2 790	2 300
按地区										
贵阳市	8 199	606	2 385	4 054	742	412	2 546	2 587	1 826	1 240
六盘水市	471	120	44	182	50	75	95	172	82	122
遵义市	883	3	96	585	121	78	278	287	191	127
安顺市	746	1	56	491	114	84	146	274	178	148
毕节市	942	29	143	555	121	94	265	359	146	172
铜仁市	383	1	69	246	47	20	116	117	77	73
黔西南布依族苗族自治州	388	6	71	225	51	35	82	125	55	126
黔东南苗族侗族自治州	637	2	57	469	73	36	125	251	155	106
黔南布依族苗族自治州	475	1	66	128	226	54	109	100	80	186
按隶属关系										
中央部门属	542	258	74	155	35	20	268	166	76	32
#中国科学院	421	258	62	77	20	4	220	138	56	7
地方部门属	12 582	511	2 913	6 780	1 510	868	3 494	4 106	2 714	2 268
#省级部门属	10 432	471	2 544	5 464	1 235	718	2 966	3 311	2 322	1 833
地市级部门属	2 060	40	367	1 260	250	143	494	769	373	424
按学科领域										
自然科学领域	4 777	331	824	2 573	694	355	1 348	1 429	1 192	808
农业科学领域	2 783	168	1 028	1 153	238	196	917	966	464	436
医学科学领域	462	40	145	260	15	2	116	144	90	112
工程科学与技术领域	4 528	195	792	2 674	560	307	1 198	1 563	945	822
社会、人文科学领域	574	35	198	275	38	28	183	170	99	122

2-5 经费收入

单位:万元

分布	科技活动收入	政府资金	财政拨款	承担政府科研项目收入	其他
总计	456 472	354 311	299 067	34 277	20 967
按地区					
贵阳市	314 067	236 337	190 780	29 263	16 295
六盘水市	14 643	8 698	8 145		554
遵义市	23 748	22 690	19 116	978	2 596
安顺市	19 070	15 466	15 079	334	53
毕节市	23 733	20 624	18 487	1 585	552
铜仁市	15 368	12 540	11 476	503	561
黔西南布依族苗族自治州	12 930	7 864	6 841	1 023	
黔东南苗族侗族自治州	18 648	15 889	15 480	53	356
黔南布依族苗族自治州	14 267	14 203	13 664	539	
按隶属关系					
中央部门属	47 230	24 301	14 405	9 560	336
#中国科学院	25 301	23 246	13 349	9 560	336
地方部门属	409 243	330 010	284 662	24 717	20 631
#省级部门属	359 711	283 017	242 767	20 599	19 651
地市级部门属	49 015	46 535	41 549	4 007	979
按国民经济行业					
农、林、牧、渔业	67 480	62 731	45 892	12 557	4 282
农业	40 829	39 101	30 351	8 334	416
林业	9 939	7 811	5 947	1 864	
畜牧业	10 379	10 379	5 229	1 391	3 760
渔业	1 595	1 416	1 004	404	8
农、林、牧、渔专业及辅助性活动	4 738	4 025	3 361	565	99
制造业	5 171	3 120	3 014	105	1
橡胶和塑料制品业	2 256	1 531	1 531		
专用设备制造业	1 203	1 203	1 097	105	1
仪器仪表制造业	1 713	386	386		

续 2-5

分 布	科技活动收入	政府资金	财政拨款	承担政府科研项目收入	其他
电力、热力、燃气及水生产和供应业	855	855	364	492	
电力、热力生产和供应业	855	855	364	492	
建筑业	1 488	1 488	1 488		
房屋建筑业					
土木工程建筑业	1 488	1 488	1 488		
信息传输、软件和信息技术服务业	4 760	4 760	4 760		
软件和信息技术服务业	4 760	4 760	4 760		
科学研究和技术服务业	358 219	263 293	229 812	20 951	12 530
研究和试验发展	57 334	53 191	38 259	14 212	721
专业技术服务业	291 170	200 630	182 376	6 464	11 790
科技推广和应用服务业	9 714	9 472	9 177	275	20
水利、环境和公共设施管理业	8 498	8 472	5 271	172	3 028
水利管理业	2 408	2 408	1 311		1 097
生态保护和环境治理业	6 089	6 063	3 960	172	1 931
公共设施管理业					
卫生和社会工作	808	808	797		11
卫生	808	808	797		11
文化、体育和娱乐业	681	681	681		
体育	681	681	681		
公共管理、社会保障和社会组织	8 513	8 104	6 989		1 115
国家机构	1 407	997	997		
社会保障	7 106	7 106	5 992		1 115
按学科领域					
自然科学领域	199 031	130 458	107 647	15 587	7 224
农业科学领域	84 177	80 002	61 737	13 621	4 644
医学科学领域	14 255	12 684	12 154	519	11
工程科学与技术领域	142 056	115 157	102 135	4 515	8 507
社会、人文科学领域	16 954	16 010	15 394	34	581

续 2-5

分 布	科技活动收入			生产经营活动收入	其他收入
	非政府资金	#技术性收入	国外资金		
总 计	102 162	83 922		119 180	71 945
按地区					
贵阳市	77 730	63 017		79 493	35 425
六盘水市	5 944	5 944		3 171	13 132
遵义市	1 059	1 000		22 202	8 449
安顺市	3 603	1 994		1 271	1 414
毕节市	3 108	1 451		4 614	4 158
铜仁市	2 829	2 829		205	1 110
黔西南布依族苗族自治州	5 066	5 029		112	980
黔东南苗族侗族自治州	2 759	2 594		3 673	2 750
黔南布依族苗族自治州	64	64		4 439	4 528
按隶属关系					
中央部门属	22 928	22 504		187	6 101
#中国科学院	2 056	1 632		117	4 616
地方部门属	79 233	61 418		118 993	65 845
#省级部门属	76 695	58 937		101 781	60 546
地市级部门属	2 480	2 480		14 611	5 246
按国民经济行业					
农、林、牧、渔业	4 750	1 768			8 038
农业	1 728	875			5 875
林业	2 129				849
畜牧业					704
渔业	179	179			314
农、林、牧、渔专业及辅助性活动	714	714			297
制造业	2 052	1 453			482
橡胶和塑料制品业	725	126			
专用设备制造业					474
仪器仪表制造业	1 327	1 327			8

续 2-5

分 布	科技活动收入			生产经营活动收入	其他收入
	非政府资金	#技术性收入	国外资金		
电力、热力、燃气及水生产和供应业					
电力、热力生产和供应业					
建筑业				11 379	350
房屋建筑业				10 229	87
土木工程建筑业				1 150	264
信息传输、软件和信息技术服务业					192
软件和信息技术服务业					192
科学研究和技术服务业	94 925	80 265		105 856	62 402
研究和试验发展	4 143	2 508		2 686	12 685
专业技术服务业	90 541	77 520		103 170	48 805
科技推广和应用服务业	242	238			912
水利、环境和公共设施管理业	26	26		147	198
水利管理业				147	1
生态保护和环境治理业	26	26			197
公共设施管理业					
卫生和社会工作				1 798	34
卫生				1 798	34
文化、体育和娱乐业					33
体育					33
公共管理、社会保障和社会组织	409	409			217
国家机构	409	409			
社会保障					217
按学科领域					
自然科学领域	68 573	58 085		49 099	38 867
农业科学领域	4 175	1 189			9 728
医学科学领域	1 570	303		2 003	401
工程科学与技术领域	26 899	23 400		68 078	21 410
社会、人文科学领域	944	944			1 540

2-6 经费支出

单位:万元

分 布	科技经费内部支出	日常性支出	人员劳务费	其他日常性支出	资产性支出
总 计	427 820	398 859	220 061	178 799	28 961
按地区					
贵阳市	300 928	277 700	137 485	140 215	23 228
六盘水市	12 885	12 089	8 333	3 756	797
遵义市	19 310	19 098	14 140	4 958	213
安顺市	14 812	14 200	10 653	3 547	613
毕节市	20 636	19 611	15 206	4 405	1 025
铜仁市	14 407	13 186	7 985	5 201	1 222
黔西南布依族苗族自治州	12 479	12 176	5 543	6 633	304
黔东南苗族侗族自治州	17 099	16 060	11 041	5 019	1 039
黔南布依族苗族自治州	15 263	14 742	9 676	5 066	521
按隶属关系					
中央部门属	47 340	45 010	14 232	30 777	2 330
#中国科学院	26 402	24 094	12 255	11 839	2 309
地方部门属	380 481	353 850	205 829	148 021	26 631
#省级部门属	334 016	311 051	175 506	135 545	22 965
地市级部门属	45 847	42 194	29 776	12 418	3 653
按学科领域					
自然科学领域	185 049	172 024	86 259	85 765	13 025
农业科学领域	75 514	68 631	43 284	25 348	6 883
医学科学领域	13 766	11 529	6 531	4 998	2 237
工程科学与技术领域	136 979	130 349	75 310	55 038	6 631
社会、人文科学领域	16 513	16 327	8 678	7 649	186
按国民经济行业					
农、林、牧、渔业	60 198	53 703	33 843	19 860	6 495
农业	39 864	35 286	21 603	13 683	4 578
林业	5 551	5 311	4 750	562	240
畜牧业	8 961	7 963	4 255	3 708	998

续 2-6

分 布	科技经费内部支出	日常性支出	人员劳务费	其他日常性支出	资产性支出
渔业	1 881	1 508	724	784	373
农、林、牧、渔专业及辅助性活动	3 941	3 634	2 511	1 123	307
制造业	3 680	2 820	2 051	769	860
橡胶和塑料制品业	2 089	1 517	1 107	410	572
专用设备制造业	1 250	994	741	253	256
仪器仪表制造业	341	309	203	106	32
电力、热力、燃气及水生产和供应业	909	813	377	437	96
电力、热力生产和供应业	909	813	377	437	96
建筑业	1 612	1 612	1 101	511	
房屋建筑业					
土木工程建筑业	1 612	1 612	1 101	511	
信息传输、软件和信息技术服务业	8 258	8 258	2 535	5 723	
软件和信息技术服务业	8 258	8 258	2 535	5 723	
科学研究和技术服务业	334 976	319 149	174 602	144 546	15 827
研究和试验发展	60 074	56 506	28 138	28 367	3 568
专业技术服务业	266 921	254 915	141 231	113 684	12 006
科技推广和应用服务业	7 981	7 728	5 233	2 495	253
水利、环境和公共设施管理业	8 017	7 539	3 593	3 947	478
水利管理业	2 744	2 654	263	2 391	90
生态保护和环境治理业	5 273	4 885	3 329	1 555	388
公共设施管理业					
卫生和社会工作	840	706	152	553	135
卫生	840	706	152	553	135
文化、体育和娱乐业	707	673	330	343	34
体育	707	673	330	343	34
公共管理、社会保障和社会组织	8 624	3 588	1 477	2 111	5 037
国家机构	1 455	1 447	947	500	9
社会保障	7 169	2 141	530	1 611	5 028

续 2-6

分布	科技经费内部支出 资产性支出					生产经营支出	其他支出
	仪器与设备支出	非基建的科学仪器与设备支出	基建的仪器与设备支出	土建费	资本化的计算机软件支出	专利和专有技术支出		
总 计	22 620	12 705	9 915	5 234	1 040	67	111 510	94 449
按地区								
贵阳市	18 004	9 814	8 190	4 193	979	53	71 390	49 892
六盘水市	677	75	602	108	10	2	4 345	13 759
遵义市	208	189	18	5			19 071	13 856
安顺市	495	418	77	90	25	2	5 341	2 697
毕节市	1 020	643	377		1	5	4 723	5 268
铜仁市	777	255	522	439		6	253	1 310
黔西南布依族苗族自治州	304	303	1				118	1 083
黔东南苗族侗族自治州	703	630	74	313	23	1	2 080	4 097
黔南布依族苗族自治州	433	378	55	86	2		4 190	2 489
按隶属关系								
中央部门属	2 026	2 026		172	132		281	2 777
#中国科学院	2 005	2 005		172	132		117	1 670
地方部门属	20 594	10 678	9 915	5 062	908	67	111 229	91 672
#省级部门属	17 359	8 523	8 836	4 684	862	59	101 515	81 432
地市级部门属	3 232	2 155	1 077	369	44	8	8 371	8 897
按学科领域								
自然科学领域	11 749	4 352	7 397	765	492	19	55 119	43 520
农业科学领域	2 834	2 263	571	4 031	12	6	4 371	12 378
医学科学领域	2 206	1 641	566		29	2	1 364	1 380
工程科学与技术领域	5 659	4 278	1 381	439	492	40	50 623	36 162
社会、人文科学领域	171	171			15		32	1 009
按国民经济行业								
农、林、牧、渔业	2 854	2 141	713	3 617	12	13	3 486	10 264
农业	2 079	1 687	392	2 487	12		126	7 378
林业	239	239				1	3 317	839
畜牧业	121	4	117	877				1 138

续2-6

分布	科技经费内部支出						生产经营支出	其他支出
	资产性支出							
	仪器与设备支出	非基建的科学仪器与设备支出	基建的仪器与设备支出	土建费	资本化的计算机软件支出	专利和专有技术支出		
渔业	120	120		253			44	205
农、林、牧、渔专业及辅助性活动	295	91	204			12		705
制造业	860	828	32					700
橡胶和塑料制品业	572	572						18
专用设备制造业	256	256						627
仪器仪表制造业	32		32					55
电力、热力、燃气及水生产和供应业	96		96					
电力、热力生产和供应业	96		96					
建筑业							5 855	1 368
房屋建筑业							5 846	87
土木工程建筑业							8	1 281
信息传输、软件和信息技术服务业								476
软件和信息技术服务业								476
科学研究和技术服务业	13 226	9 459	3 767	1 572	1 003	26	101 059	79 415
研究和试验发展	2 899	2 891	8	490	165	15	192	10 391
专业技术服务业	10 175	6 470	3 705	986	839	7	99 982	67 919
科技推广和应用服务业	152	97	55	96		5	885	1 106
水利、环境和公共设施管理业	448	91	357		2	28	163	1 253
水利管理业	62	62				28	163	
生态保护和环境治理业	386	30	357		2			1 253
公共设施管理业								
卫生和社会工作	132	67	66		2		947	773
卫生	132	67	66		2		947	773
文化、体育和娱乐业	19	19			15			33
体育	19	19			15			33
公共管理、社会保障和社会组织	4 985	100	4 885	46	6			168
国家机构	9	9						
社会保障	4 977	91	4 885	46	6			168

2-7 科技课题

分布	课题数/个	#R&D课题	课题经费内部支出/千元	#政府资金	#R&D课题经费	课题人员折合全时工作量/人年	#R&D人员
总计	2 488	1 885	86 493	62 081	41 974	5 237.9	3 434.0
按地区							
贵阳市	1 874	1 460	72 145	53 866	35 678	3 753.8	2 513.6
六盘水市	28	19	222	208	158	64.0	21.3
遵义市	98	85	1 861	1 228	1 554	181.3	150.1
安顺市	76	69	1 234	534	1 220	153.7	126.7
毕节市	125	87	2 077	1 790	1 548	444.4	352.0
铜仁市	32	30	135	103	133	57.4	50.4
黔西南布依族苗族自治州	103	83	1 949	1 233	1 074	183.0	99.0
黔东南苗族侗族自治州	122	38	4 858	1 236	419	293.4	76.0
黔南布依族苗族自治州	30	14	2 013	1 883	192	106.9	44.9
按隶属关系							
中央部门属	490	420	36 627	20 745	14 041	646.4	478.6
#中国科学院	456	420	15 711	13 791	14 041	525.4	478.6
地方部门属	1 998	1 465	49 866	41 336	27 932	4 591.5	2 955.4
#省级部门属	1 634	1 177	43 298	36 087	22 877	3 755.3	2 335.2
地市级部门属	350	283	6 335	5 016	4 922	804.5	601.1
按课题活动类型							
基础研究	875	875	19 783	18 004	19 783	1 321.5	1 321.5
应用研究	472	472	7 832	6 314	7 832	924.2	924.2
试验发展	538	538	14 358	12 628	14 358	1 188.3	1 188.3
研究与试验发展成果应用	284		7 787	6 402		630.2	
技术推广与科技服务	319		36 733	18 733		1 173.7	
按国民经济行业							
农、林、牧、渔业	1 022	754	18 663	17 032	12 041	1 845.9	1 252.6
农业	756	554	14 352	13 147	9 055	1 323.1	890.6
林业	82	59	1 257	995	730	187.2	129.2
畜牧业	87	69	2 172	2 064	1 658	177.3	138.5
渔业	29	19	246	245	97	34.8	21.6
农、林、牧、渔专业及辅助性活动	68	53	636	580	502	123.5	72.7
采矿业	53	35	2 577	2 005	2 126	203.4	152.6
煤炭开采和洗选业	10	1	129	128	6	42.0	5.0
石油和天然气开采业	4	3				3.0	2.0
黑色金属矿采选业	4	4	54	7	54	7.1	7.1
有色金属矿采选业	22	15	403	260	210	50.5	46.5
非金属矿采选业	2	2	72		72	12.0	12.0
开采专业及辅助性活动	5	5	1 653	1 471	1 653	69.0	69.0
其他采矿业	6	5	267	140	132	19.8	11.0
制造业	104	81	2 112	2 042	1 764	306.5	216.4
农副食品加工业	34	27	392	334	326	58.9	49.8
食品制造业	7	4	72	70	60	34.0	32.4

续 2-7

分　布	课题数/个	#R&D课题	课题经费内部支出/千元	#政府资金	#R&D课题经费	课题人员折合全时工作量/人年	#R&D人员
酒、饮料和精制茶制造业	8	4	61	51	31	22.3	16.5
木材加工和木、竹、藤、棕、草制品业	1		8	8		3.0	
石油、煤炭及其他燃料加工业	1		20	20		30.0	
化学原料和化学制品制造业	4	4	42	42	42	12.0	12.0
医药制造业	11	9	232	232	193	31.5	23.2
橡胶和塑料制品业	16	15	631	631	626	40.6	39.4
非金属矿物制品业	1					6.0	
有色金属冶炼和压延加工业	2		6	6		25.0	
专用设备制造业	14	14	229	229	229	33.0	33.0
汽车制造业	3	3	56	56	56	9.9	9.9
仪器仪表制造业	2	1	363	363	200	0.3	0.2
电力、热力、燃气及水生产和供应业	27	20	378	290	355	65.6	55.6
电力、热力生产和供应业	24	17	374	287	351	60.0	50.0
水的生产和供应业	3	3	4	4	4	5.6	5.6
批发和零售业	1		19	19		6.0	
零售业	1		19	19		6.0	
信息传输、软件和信息技术服务业	6	3	69	51	42	16.0	2.7
软件和信息技术服务业	6	3	69	51	42	16.0	2.7
科学研究和技术服务业	1 092	892	54 722	34 528	22 313	2 237.3	1 392.6
研究和试验发展	712	712	19 177	17 352	19 177	977.6	977.6
专业技术服务业	371	178	35 465	17 096	3 126	1 227.1	409.7
科技推广和应用服务业	9	2	80	80	10	32.6	5.3
水利、环境和公共设施管理业	169	88	7 621	5 790	3 114	467.3	273.6
水利管理业	14	10	1 353	302	259	119.1	112.7
生态保护和环境治理业	143	77	6 015	5 481	2 848	263.9	160.7
公共设施管理业	2	1	12	7	7	0.3	0.2
土地管理业	10		240			84.0	
居民服务、修理和其他服务业	4	4	45	45	45	25.5	25.5
其他服务业	4	4	45	45	45	25.5	25.5
教育	2		114	114		2.0	
教育	2		114	114		2.0	
文化、体育和娱乐业	1	1				18.0	18.0
体育	1	1				18.0	18.0
公共管理、社会保障和社会组织	7	7	173	166	173	44.4	44.4
国家机构	6	6	172	166	172	43.4	43.4
社会保障	1	1	1	0	1	1.0	1.0
按学科领域							
自然科学领域	826	679	45 528	27 162	17 622	1 481.6	969.8
信息科学与系统科学	17	12	465	447	117	36.7	23.1
物理学	2	1	175	168	12	5.1	5.0
化学	16	15	138	72	90	62.7	62.4

续 2-7

分布	课题数/个	#R&D课题	课题经费内部支出/千元	#政府资金	#R&D课题经费	课题人员折合全时工作量/人年	#R&D人员
天文学	1	1	17	17	17	3.0	3.0
地球科学	694	564	42 951	24 723	16 166	1 253.6	780.1
生物学	96	86	1 782	1 736	1 220	120.5	96.2
农业科学领域	947	701	16 428	14 909	11 562	1 741.3	1 197.2
农学	710	535	12 131	10 986	8 722	1 227.6	882.3
林学	109	69	1 654	1 402	876	295.9	147.9
畜牧、兽医科学	100	79	2 402	2 280	1 872	186.0	148.4
水产学	28	18	241	240	92	31.8	18.6
医学科学领域	144	141	2 658	2 566	2 610	262.3	255.6
基础医学	6	6	46	46	46	17.0	17.0
临床医学							
预防医学与公共卫生学	1	1	1	1	1	5.0	5.0
药学	117	114	2 396	2 303	2 348	204.5	197.8
中医学与中药学	20	20	215	215	215	35.8	35.8
工程科学与技术领域	432	235	20 420	15 985	8 796	1 476.5	754.6
工程与技术科学基础学科	65	17	3 067	1 077	159	162.7	26.1
信息与系统科学相关工程与技术	4	2	117	117	97	29.0	11.0
自然科学相关工程与技术	18	15	201	174	188	31.2	27.5
测绘科学技术	10	3	685	505	121	53.3	6.3
材料科学	35	32	798	798	791	79.9	67.4
矿山工程技术	43	19	1 186	116	405	81.5	23.5
冶金工程技术	2	1	71	71	66	19.0	4.0
机械工程	12	12	209	209	209	25.0	25.0
能源科学技术	20	20	1 899	1 755	1 899	120.0	120.0
核科学技术	1	1	7	7	7	1.0	1.0
电子与通信技术	1	1	5	5	5	3.0	3.0
计算机科学技术	21	8	555	549	453	49.9	31.9
化学工程	1		20	20		30.0	
产品应用相关工程与技术	1	1	11	1	11	0.2	0.2
食品科学技术	39	29	548	414	449	96.4	83.5
土木建筑工程	1		649	649		10.0	
水利工程	4	4	205	198	205	107.0	107.0
交通运输工程	1	1	99		99	7.0	7.0
环境科学技术及资源科学技术	121	55	9 490	9 005	3 394	378.2	161.0
安全科学技术	9	7	134	90	115	54.3	27.3
管理学	23	7	467	227	125	137.9	21.9
社会、人文科学领域	139	129	1 459	1 459	1 384	276.2	256.8
马克思主义	4	4	36	36	36	5.8	5.8
哲学	1	1	6	6	6	2.0	2.0
历史学	3	3	13	13	13	4.4	4.4
考古学	5	5	300	300	300	38.0	38.0

续 2 - 7

分　布	课题数/个	#R&D课题	课题经费内部支出/千元	#政府资金	#R&D课题经费	课题人员折合全时工作量/人年	#R&D人员
经济学	64	56	442	442	393	91.9	78.5
政治学	1	1	10	10	10	1.8	1.8
法学	4	4	10	10	10	5.4	5.4
社会学	35	35	157	157	157	49.5	49.5
民族学与文化学	12	12	435	435	435	43.2	43.2
新闻学与传播学	4	4	10	10	10	5.2	5.2
图书馆、情报与文献学	3	2	24	24	12	7.0	2.0
教育学	1		14	14		1.0	
体育科学	1	1				18.0	18.0
统计学	1	1	3	3	3	3.0	3.0
按技术领域							
非技术领域	577	540	16 297	14 400	14 831	779.1	689.2
信息技术	84	57	2 079	1 825	1 426	263.3	185.1
生物和现代农业技术	955	724	16 796	15 570	11 666	1 640.6	1 147.3
新材料技术	38	35	805	798	799	82.9	70.4
能源技术	29	21	1 914	1 752	1 895	126.6	116.5
先进制造与自动化技术	3	3	7	7	7	9.3	9.3
航天技术	2	1	15	15	2	6.6	1.6
资源与环境技术	356	176	18 031	12 616	4 829	1 107.3	405.5
其他技术领域	444	328	30 549	15 098	6 518	1 222.2	809.1
按课题来源							
国家科技项目	465	423	16 490	16 428	13 924	834.1	732.0
地方科技项目	1 277	937	43 190	35 878	18 899	2 854.5	1 796.9
企业委托科技项目	112	25	15 959	3 266	518	325.0	44.6
自选科技项目	211	187	4 794	3 797	4 577	464.3	425.3
国际合作科技项目							
其他科技项目	423	313	6 060	2 712	4 056	760.0	435.2
按课题的社会经济目标							
环境保护、生态建设及污染防治	291	117	30 693	15 943	3 120	790.9	227.8
环境一般问题	13	10	488	205	295	23.7	20.6
环境与资源评估	57	17	1 349	198	115	101.5	22.5
环境监测	35	19	2 347	2 069	507	101.2	38.6
生态建设	42	25	1 353	1 326	836	90.5	41.6
环境污染预防	27	10	2 450	2 346	129	119.6	9.3
环境治理	87	28	21 510	9 087	616	228.2	57.0
自然灾害的预防、预报	30	8	1 196	712	622	126.2	38.2
能源生产、分配和合理利用	99	57	4 775	3 822	3 238	423.1	240.1
能源一般问题研究	21	6	312	307	5	78.8	5.5
能源矿产的勘探技术	40	25	3 532	2 801	2 695	220.3	164.6
能源矿物的开采和加工技术	1	1	1	1	1	1.0	1.0
能源转换技术	17	16	350	285	342	49.0	48.0

续 2-7

分　布	课题数/个	#R&D课题	课题经费内部支出/千元	#政府资金	#R&D课题经费	课题人员折合全时工作量/人年	#R&D人员
能源输送、储存与分配技术	1	1	3		3	1.5	1.5
可再生能源	13	4	449	307	85	28.5	6.5
能源安全生产管理和技术	2	1	14	7	12	6.0	5.0
节约能源的技术	2	1	47	47	27	33.0	3.0
能源生产、输送、分配、储存、利用过程中污染的防治与处理	2	2	68	68	68	5.0	5.0
卫生事业发展	19	18	330	327	230	79.9	78.9
卫生一般问题	2	1	163	163	63	2.0	1.0
诊断与治疗	3	3	31	28	31	5.0	5.0
公共卫生	3	3	7	7	7	11.2	11.2
营养和食品卫生	3	3	51	51	51	40.1	40.1
社会医疗	1	1	5	5	5	1.5	1.5
卫生医疗其他研究	7	7	74	74	74	20.1	20.1
教育事业发展	1		14	14		1.0	
非学历教育与培训	1		14	14		1.0	
基础设施以及城市和农村规划	23	12	1 819	912	475	117.2	78.0
交通运输	3	3	122	23	122	15.0	15.0
通信	1	1	2	2	2	1.2	1.2
城市规划与市政工程	9	6	403	235	242	74.2	59.2
农村发展规划与建设	10	2	1 292	652	110	26.8	2.6
基础社会发展和社会服务	232	191	8 548	7 463	5 392	768.1	477.1
社会发展和社会服务一般问题	20	18	958	958	737	63.4	61.0
社会保障	2		62	62		19.0	
公共安全	13	10	173	173	144	84.0	52.0
社会管理	2	2	12	12	12	3.4	3.4
法律与司法	1	1	2	2	2	1.6	1.6
国际关系	1	1	6		6	15.0	15.0
遗产保护	8	8	408	408	408	44.8	44.8
语言与文化	2	2	11	11	11	7.0	7.0
文艺、娱乐	1	1				18.0	18.0
科技发展	137	127	3 497	3 343	3 301	274.9	242.3
国土资源管理	22	7	905	574	436	115.1	5.1
其他社会发展和社会服务	23	14	2 514	1 921	334	121.9	26.9
地球和大气层的探索与利用	135	100	3 424	2 329	2 234	320.3	223.0
地壳、地幔、海底的探测和研究	37	36	1 093	315	1 081	101.4	100.1
水文地理	8	6	181	161	171	4.5	3.5
海洋	1	1	13	13	13	2.1	2.1

续 2-7

分　布	课题数/个	#R&D课题	课题经费内部支出/千元	#政府资金	#R&D课题经费	课题人员折合全时工作量/人年	#R&D人员
大气	53	35	488	200	366	90.0	61.0
地球探测和开发其他研究	36	22	1 650	1 639	603	122.3	56.3
民用空间探测及开发	8	6	159	142	96	10.7	5.1
空间探测一般研究	6	5	144	127	94	5.4	4.8
飞行器和运载工具研制	1		13	13		5.0	
空间探测和开发其他研究	1	1	2	2	2	0.3	0.3
农林牧渔业发展	1 069	806	19 102	17 604	13 004	1 960.6	1 390.6
农林牧渔业发展一般问题	235	175	4 543	4 351	3 210	453.3	334.0
农作物种植及培育	565	431	9 482	8 631	6 472	999.4	698.6
林业和林产品	40	24	712	469	432	92.9	42.4
畜牧业	87	68	2 319	2 203	1 492	171.7	133.3
渔业	23	18	97	96	80	25.8	20.9
农林牧渔业体系支撑	105	79	1 762	1 699	1 137	192.5	142.5
农林牧渔业生产中污染的防治与处理	14	11	187	156	179	25.0	18.9
工商业发展	76	56	4 186	1 126	1 038	160.6	124.2
促进工商业发展的一般问题	4	2	39	39	35	8.9	4.9
非能源资源矿产的开采	2	2	70		70	4.5	4.5
食品、饮料和烟草制品业	10	8	39	33	26	10.5	8.0
化学工业	1	1	7		7	1.5	1.5
机械制造业（不包括电子设备、仪器仪表及办公机械）	1	1	9	2	9	2.0	2.0
电子设备、仪器仪表及办公机械	1		163	163		0.1	
建筑业	1	1	2	2	2	0.1	0.1
信息与通信技术（ICT）服务业	1	1	60		60	2.0	2.0
技术服务业	1	1	2	2	2	0.4	0.4
金融业	39	28	3 287	509	548	105.1	82.1
商业及其他服务业	10	7	227	217	109	16.6	11.8
工商业活动中的环境保护、污染防治与处理	5	4	280	158	170	8.9	6.9
非定向研究	486	486	12 857	11 952	12 857	542.1	542.1
自然科学领域的非定向研究	397	397	12 344	11 473	12 344	419.8	419.8
工程与技术科学领域的非定向研究	6	6	11	5	11	2.9	2.9
农业科学领域的非定向研究	2	2	27		27	6.0	6.0
社会科学领域的非定向研究	71	71	427	427	427	98.6	98.6
人文科学领域的非定向研究	8	8	28	28	28	11.8	11.8
其他	2	2	20	20	20	3.0	3.0
其他民用目标	48	35	575	436	278	61.4	45.1
国防	1	1	11	11	11	2.0	2.0

2-8 课题经费内部支出按活动类型分类

单位:万元

分 布	课题经费内部支出	基础研究	应用研究	试验发展	R&D 成果应用	科技服务
总 计	86 493	19 783	7 832	14 359	7 787	36 733
按地区						
贵阳市	72 145	18 796	6 201	10 681	5 467	31 001
六盘水市	222	9	21	128	34	31
遵义市	1 861	169	759	626	65	242
安顺市	1 234	241	374	606	13	2
毕节市	2 077	168	124	1 256	236	293
铜仁市	135	25	6	101	3	
黔西南布依族苗族自治州	1 949	234	59	780	380	495
黔东南苗族侗族自治州	4 858	135	222	62	1 534	2 906
黔南布依族苗族自治州	2 013	5	66	120	57	1 764
按隶属关系						
中央部门属	36 627	13 212	531	299	1 417	21 168
#中国科学院	15 711	13 212	531	299	1 308	361
地方部门属	49 866	6 571	7 302	14 060	6 369	15 565
#省级部门属	43 298	5 728	6 095	11 055	5 691	14 730
地市级部门属	6 335	844	1 156	2 923	601	811

2-9 课题人员折合全时工作量按活动类型分类

单位:人年

分 布	课题人员折合全时工作量	基础研究	应用研究	试验发展	R&D 成果应用	科技服务
总 计	5 237.9	1 321.5	924.2	1 188.3	630.2	1 173.7
按地区						
贵阳市	3 753.8	1 157.7	674.3	681.6	466.9	773.3
六盘水市	64.0	1.5	3.8	16.0	33.1	9.6
遵义市	181.3	31.8	49.8	68.5	9.5	21.7
安顺市	153.7	28.3	42.2	56.2	5.0	22.0
毕节市	444.4	46.0	85.0	221.0	30.0	62.4
铜仁市	57.4	21.7	6.7	22.0	7.0	0.0
黔西南布依族苗族自治州	183.0	20.0	5.0	74.0	13.0	71.0
黔东南苗族侗族自治州	293.4	12.0	49.0	15.0	56.7	160.7
黔南布依族苗族自治州	106.9	2.5	8.4	34.0	9.0	53.0
按隶属关系						
中央部门属	646.4	429.7	47.5	1.4	42.9	124.9
#中国科学院	525.4	429.7	47.5	1.4	42.3	4.5
地方部门属	4 591.5	891.8	876.7	1 186.9	587.3	1 048.8
#省级部门属	3 755.3	781.0	724.6	829.6	473.1	947.0
地市级部门属	804.5	110.8	144.1	346.2	109.6	93.8

2-10 专 利

分 布	专利申请受理数/件	#发明专利	专利授权数/件	#发明专利	#国外授权	拥有有效发明专利数/件	专利所有权转让及许可数/件	专利所有权转让与许可收入/千元
总 计	585	397	394	176	11	1 096	21	177
按地区								
贵阳市	457	330	312	149	11	982	21	177
六盘水市	14	4	17			4		
遵义市	21	6	14	5		11		
安顺市	3	3	1	1		1		
毕节市	45	25	20	2		32		
铜仁市	13	4	5	1		1		
黔西南布依族苗族自治州	14	13	8	7		48		
黔东南苗族侗族自治州	10	4	9	3		6		
黔南布依族苗族自治州	8	8	8	8		11		
按隶属关系								
中央部门属	53	37	55	25	2	289		
#中国科学院	53	37	55	25	2	289		
地方部门属	532	360	339	151	9	807	21	177
#省级部门属	415	298	261	124	9	736	21	177
地市级部门属	117	62	78	27		71		
按国民经济行业								
农、林、牧、渔业	229	175	130	73	3	330	3	7
农业	133	119	59	44	1	216	3	7
林业	17	4	15	6		43		
畜牧业	49	29	18	7	2	50		
渔业	7	3	19	4		6		
农、林、牧、渔专业及辅助性活动	23	20	19	12		15		
制造业	31	28	25	14	4	76	11	54
橡胶和塑料制品业	28	28	21	14	4	61	11	54
专用设备制造业	3		3			2		
仪器仪表制造业			1			13		
电力、热力、燃气及水生产和供应业	14	6	5					
电力、热力生产和供应业	14	6	5					
科学研究和技术服务业	294	182	222	87	4	623	7	117
研究和试验发展	158	125	102	61	2	489	7	117
专业技术服务业	119	52	109	24	2	128		
科技推广和应用服务业	17	5	11	2		6		
水利、环境和公共设施管理业	11		10			50		
水利管理业	8		4			8		
生态保护和环境治理业	3		6			42		
公共管理、社会保障和社会组织	6	6	2	2		17		
国家机构	6	6	2	2		17		
按学科领域								
自然科学领域	185	120	129	54	4	450		
农业科学领域	237	171	127	69	3	336	3	7
医学科学领域	51	51	24	24		110	7	117
工程科学与技术领域	108	55	110	29	4	200	11	54
社会、人文科学领域	4		4					

2-11 论文、著作及其他科技产出

分 布	科技论文/篇	#国外发表	科技著作/种	形成国家或行业标准数/项	集成电路布图设计登记数/件	植物新品种权授予数/项	软件著作权数/件	新药证书数/件
总 计	3 027	529	113	40		19	63	
按地区								
贵阳市	2 399	510	88	28		8	59	
六盘水市	52	1						
遵义市	146		1			1	1	
安顺市	47		13	6				
毕节市	180	11	8				2	
铜仁市	33	6						
黔西南布依族苗族自治州	56	1	3	4		6		
黔东南苗族侗族自治州	104			2		2	1	
黔南布依族苗族自治州	10					2		
按隶属关系								
中央部门属	416	310					1	
#中国科学院	416	310					1	
地方部门属	2 611	219	113	40		19	62	
#省级部门属	2 276	202	104	28		16	56	
地市级部门属	334	17	9	12		3	6	
按国民经济行业								
农、林、牧、渔业	862	74	26	15		14	3	
农业	524	47	22	14		10	1	
林业	110	9	1					
畜牧业	109	3	2			4		
渔业	18	3						
农、林、牧、渔专业及辅助性活动	101	12	1	1			2	
制造业	56	24						
橡胶和塑料制品业	43	24						
专用设备制造业	9							
仪器仪表制造业	4							
电力、热力、燃气及水生产和供应业	30	8						
电力、热力生产和供应业	30	8						
科学研究和技术服务业	2 028	421	83	18		5	48	
研究和试验发展	1 128	384	52	4		3	9	
专业技术服务业	838	35	22	14			38	
科技推广和应用服务业	62	2	9			2	1	
水利、环境和公共设施管理业	48	2	4	7			5	
水利管理业	32	2	4	7			4	
生态保护和环境治理业	16						1	
文化、体育和娱乐业	2							
体育	2							
公共管理、社会保障和社会组织	1						7	
国家机构							6	
社会保障	1						1	
按学科领域								
自然科学领域	1 021	355	27	7			23	
农业科学领域	910	71	27	18		19	1	
医学科学领域	163	54	2	1			1	
工程科学与技术领域	512	46	9	14			35	
社会、人文科学领域	421	3	48				3	

二 科学研究和技术服务业事业单位

2-12 R&D人员

单位:人

分 布	R&D人员	#女性	按工作量分		按学历分			
			全时人员	非全时人员	博士	硕士	本科	其他
总　计	5 472	1 925	3 888	1 584	867	1 840	2 090	675
按地区								
贵阳市	4 017	1 556	2 947	1 070	826	1 495	1 219	477
六盘水市	53	16	21	32	1	23	14	15
遵义市	274	62	126	148	3	61	186	24
安顺市	211	58	115	96	1	36	147	27
毕节市	537	142	429	108	29	112	317	79
铜仁市	78	9	47	31	1	29	40	8
黔西南布依族苗族自治州	145	47	89	56	6	44	56	39
黔东南苗族侗族自治州	106	28	63	43		16	86	4
黔南布依族苗族自治州	51	7	51			24	25	2
按隶属关系								
中央部门属	873	315	521	352	535	129		209
#中国科学院	873	315	521	352	535	129		209
地方部门属	4 599	1 610	3 367	1 232	332	1 711	2 090	466
#省级部门属	3 679	1 308	2 692	987	294	1 464	1 564	357
地市级部门属	900	294	655	245	38	247	513	102
按学科领域								
自然科学领域	2 259	711	1 468	791	592	550	776	341
农业科学领域	1 693	656	1 366	327	137	744	618	194
医学科学领域	381	207	235	146	38	120	218	5
工程科学与技术领域	791	226	511	280	65	275	383	68
社会、人文科学领域	348	125	308	40	35	151	95	67

2–13　R&D人员折合全时工作量

单位：人年

分　布	R&D人员折合全时工作量	研究人员	按活动类型分组		
			基础研究人员	应用研究人员	试验发展人员
总　计	4 517	3 421	1 798	1 200	1 519
按地区					
贵阳市	3 384	2 562	1 596	890	898
六盘水市	27	24	2	6	19
遵义市	189	136	45	52	92
安顺市	142	121	30	47	65
毕节市	464	355	56	129	279
铜仁市	58	46	27	7	24
黔西南布依族苗族自治州	121	81	26	5	90
黔东南苗族侗族自治州	81	53	13	53	15
黔南布依族苗族自治州	51	43	3	11	37
按隶属关系					
中央部门属	721	507	647	72	2
#中国科学院	721	507	647	72	2
地方部门属	3 796	2 914	1 151	1 128	1 517
#省级部门属	3 052	2 327	1 021	949	1 082
地市级部门属	724	576	130	170	424
按学科领域					
自然科学领域	1 796	1 289	963	506	327
农业科学领域	1 507	1 186	403	272	832
医学科学领域	278	192	149	88	41
工程科学与技术领域	622	485	182	147	293
社会、人文科学领域	314	269	101	187	26

2-14 R&D经费内部支出(一)

单位:万元

分 布	R&D经费内部支出	按活动类型分			按经费来源分			
		基础研究	应用研究	试验发展	政府资金	企业资金	国外资金	其他资金
总　计	112 560	41 417	29 436	41 707	105 194	1 504		5 862
按地区								
贵阳市	87 844	38 058	21 859	27 927	83 603	1 437		2 805
六盘水市	523	10	24	489	516			7
遵义市	3 921	728	1 725	1 468	3 496	67		357
安顺市	3 495	834	1 182	1 479	2 764			731
毕节市	10 062	445	3 461	6 157	8 850			1 212
铜仁市	897	395	14	488	687			211
黔西南布依族苗族自治州	2 835	729	88	2 019	2 794			41
黔东南苗族侗族自治州	1 826	189	993	645	1 388			439
黔南布依族苗族自治州	1 157	30	91	1 035	1 097			60
按隶属关系								
中央部门属	25 857	23 614	1 684	558	25 601	256		
#中国科学院	25 857	23 614	1 684	558	25 601	256		
地方部门属	86 703	17 803	27 752	41 149	79 593	1 248		5 862
#省级部门属	70 003	15 569	23 113	31 322	64 060	1 248		4 696
地市级部门属	16 468	2 234	4 512	9 722	15 301			1 167
按学科领域								
自然科学领域	46 108	27 517	10 649	7 943	41 714	622		3 771
农业科学领域	39 482	7 776	6 858	24 848	37 999	636		847
医学科学领域	5 607	3 218	1 474	915	5 341	179		87
工程科学与技术领域	12 487	1 064	3 728	7 695	11 304	67		1 115
社会、人文科学领域	8 877	1 843	6 727	307	8 835			42

2-15 R&D经费内部支出(二)

单位:万元

分布	R&D经费内部支出	日常性支出	人员劳务费	其他日常性支出	资产性支出	土建费	仪器与设备支出	资本化的计算机软件支出	专利和专有技术支出
总计	112 560	101 346	66 288	35 058	11 215	3 370	7 441	383	21
按地区									
贵阳市	87 844	78 193	48 335	29 858	9 651	2 872	6 384	383	12
六盘水市	523	393	324	69	130	99	31		
遵义市	3 921	3 861	2 676	1 185	60		59		
安顺市	3 495	3 095	2 616	479	399		399		
毕节市	10 062	9 692	8 045	1 647	370		368		2
铜仁市	897	879	622	257	19		13		6
黔西南布依族苗族自治州	2 835	2 787	2 049	737	49		49		
黔东南苗族侗族自治州	1 826	1 430	1 093	337	397	313	83		1
黔南布依族苗族自治州	1 157	1 016	527	489	141	86	55		
按隶属关系									
中央部门属	25 857	23 583	11 995	11 588	2 274	172	1 973	129	
#中国科学院	25 857	23 583	11 995	11 588	2 274	172	1 973	129	
地方部门属	86 703	77 763	54 293	23 470	8 941	3 198	5 468	254	21
#省级部门属	70 003	62 048	41 672	20 376	7 955	2 834	4 854	254	12
地市级部门属	16 468	15 483	12 404	3 079	986	364	614		8
按学科领域									
自然科学领域	46 108	41 343	24 565	16 779	4 765	321	4 119	325	
农业科学领域	39 482	34 884	26 201	8 683	4 598	3 049	1 532	10	6
医学科学领域	5 607	5 288	2 708	2 580	319		290	26	2
工程科学与技术领域	12 487	11 036	8 047	2 989	1 450		1 432	7	12
社会、人文科学领域	8 877	8 794	4 767	4 027	83		68	15	
按国民经济行业									
农、林、牧、渔业	34 525	30 299	23 303	6 997	4 225	2 650	1 564	10	1
农业	26 718	22 785	16 981	5 805	3 932	2 487	1 435	10	

续 2-15

分　布	R&D经费内部支出	日常性支出	人员劳务费	其他日常性支出	资产性支出	土建费	仪器与设备支出	资本化的计算机软件支出	专利和专有技术支出
林业	2 834	2 813	2 516	297	21		21		1
畜牧业	2 568	2 451	1 911	540	117		117		
渔业	404	358	333	25	46		46		
农、林、牧、渔专业及辅助性活动	2 001	1 892	1 562	330	109		109		
制造业	2 850	2 022	1 694	328	828		828		
橡胶和塑料制品业	1 600	1 028	953	75	572		572		
专用设备制造业	1 250	994	741	253	256		256		
电力、热力、燃气及水生产和供应业	801	706	367	339	96		96		
电力、热力生产和供应业	801	706	367	339	96		96		
建筑业	651	651	601	51					
土木工程建筑业	651	651	601	51					
信息传输、软件和信息技术服务业	24	24	24						
软件和信息技术服务业	24	24	24						
科学研究和技术服务业	68 644	63 068	37 608	25 459	5 576	720	4 481	356	20
研究和试验发展	47 222	44 314	23 892	20 422	2 908	485	2 250	158	15
专业技术服务业	19 570	17 060	12 514	4 546	2 510	149	2 163	198	
科技推广和应用服务业	1 853	1 694	1 202	491	159	86	68		5
水利、环境和公共设施管理业	2 936	2 548	1 262	1 286	388		386	2	
水利管理业	266	266	200	66					
生态保护和环境治理业	2 670	2 282	1 062	1 220	388		386	2	
卫生和社会工作	426	361	117	244	66		66		
卫生	426	361	117	244	66		66		
文化、体育和娱乐业	707	673	330	343	34		19	15	
体育	707	673	330	343	34		19	15	
公共管理、社会保障和社会组织	996	995	983	12	1		1		
国家机构	947	947	937	10					
社会保障	49	48	46	2	1		1		

2–16 R&D 经费外部支出

单位：万元

分　布	R&D经费外部支出	对境内研究机构支出	对境内高等学校支出	对境内企业支出	对境内其他单位支出	对境外机构支出
总　计	5 356	361	775	2 450	1 770	
按地区						
贵阳市	5 209	360	758	2 411	1 680	
六盘水市						
遵义市	84		8	6	70	
安顺市	10				10	
毕节市	36	1		24	11	
铜仁市	4			4		
黔西南布依族苗族自治州	14		8	5		
黔东南苗族侗族自治州						
黔南布依族苗族自治州						
按隶属关系						
中央部门属						
#中国科学院						
地方部门属	5 356	361	775	2 450	1 770	
#省级部门属	5 292	360	767	2 417	1 749	
地市级部门属	64	1	8	34	21	
按国民经济行业						
农、林、牧、渔业	93	48	38	7		
农业	77	47	30			
林业	16	1	8	7		
科学研究和技术服务业	4 740	200	680	2 103	1 758	
研究和试验发展	721		8	90	623	
专业技术服务业	4 019	200	672	2 013	1 135	
科技推广和应用服务业						
水利、环境和公共设施管理业	523	114	57	340	13	
生态保护和环境治理业	523	114	57	340	13	

2－17　R&D经费日常性支出

单位:万元

分　布	R&D经费日常性支出支出	按活动类型分			按来源分				
		基础研究	应用研究	试验发展	政府资金	企业资金	事业单位资金	国外资金	其他资金
总　计	101 346	37 683	26 894	36 769	95 425	1 146	4 581		194
按地区									
贵阳市	78 193	34 485	19 544	24 165	75 291	1 078	1 824		
六盘水市	393	9	24	360	386		7		
遵义市	3 861	716	1 708	1 437	3 436	67	357		
安顺市	3 095	724	1 057	1 314	2 427		669		
毕节市	9 692	420	3 445	5 827	8 480		1 018		194
铜仁市	879	395	13	471	668		211		
黔西南布依族苗族自治州	2 787	716	87	1 984	2 787				
黔东南苗族侗族自治州	1 430	188	924	317	994		436		
黔南布依族苗族自治州	1 016	30	91	895	956		60		
按隶属关系									
中央部门属	23 583	21 538	1 536	509	23 349	234			
#中国科学院	23 583	21 538	1 536	509	23 349	234			
地方部门属	77 763	16 146	25 358	36 260	72 076	912	4 581		194
#省级部门属	62 048	14 049	20 908	27 091	57 508	912	3 533		95
地市级部门属	15 483	2 097	4 322	9 064	14 336		1 048		99
按学科领域									
自然科学领域	41 343	25 127	8 950	7 266	37 568	504	3 177		95
农业科学领域	34 884	6 655	6 567	21 662	33 682	396	805		
医学科学领域	5 288	3 096	1 379	814	5 049	179	61		
工程科学与技术领域	11 036	966	3 334	6 736	10 360	67	510		99
社会、人文科学领域	8 794	1 840	6 664	290	8 766		28		

2-18 对外科技服务活动

单位:人年

分布	合计	科技成果的示范性推广工作	为用户提供可行性报告、技术方案、建议及进行技术论证等技术咨询工作	地形、地质和水文考察,天文、气象和地震的日常观察	为社会和公众提供的检验、检疫、测试、标准化、计量、计算、质量控制和专利服务	科技信息文献服务	提供孵化、平台搭建等科技服务活动	其他科技服务活动	科技培训工作
总 计	5 229	445	1 361	647	1 404	77	35	350	910
按地区									
贵阳市	3 411	282	733	352	1 068	50	27	177	722
六盘水市	197	10	129	8	11	1	2	21	15
遵义市	577	10	212	161	115	11	1	37	30
安顺市	173	17	8	18	75			24	31
毕节市	248	89	30	16	15	2	1	51	44
铜仁市	40	8	9	1	7	6	1	4	4
黔西南布依族苗族自治州	275	12	106	41	71	1	1	6	37
黔东南苗族侗族自治州	295	7	134	50	42	3	2	30	27
黔南布依族苗族自治州	13	10				3			
按隶属关系									
中央部门属	159	10	98	17	31			3	
#中国科学院	38	10	3	2	20			3	
地方部门属	5 070	435	1 263	630	1 373	77	32	350	910
#省级部门属	4 442	288	1 179	625	1 167	70	26	272	815
地市级部门属	601	128	82	5	205	5	6	77	93

三 规模以上工业企业

三 规模以上工业企业

3-1 基本情况

单位:个

分 布	有R&D活动的企业	有研发机构的企业	有新产品销售的企业
总 计	1 591	445	891
按地区			
贵阳市	242	102	190
六盘水市	97	43	57
遵义市	261	105	153
安顺市	163	54	78
毕节市	89	13	40
铜仁市	72	11	77
黔西南布依族苗族自治州	160	48	109
黔东南苗族侗族自治州	135	23	84
黔南布依族苗族自治州	372	46	103
按企业规模			
大型	69	46	46
中型	190	75	125
小型	1 201	297	662
微型	131	27	58
按登记注册类型			
内资企业	1 559	435	876
国有企业	20	7	14
集体企业	1		
股份合作企业	1		
有限责任公司	427	142	232
国有独资公司	53	24	36
其他有限责任公司	374	118	196
股份有限公司	49	27	40
私营企业	1 061	259	590
私营独资企业	24	5	13
私营合伙企业	9	4	3
私营有限责任公司	996	239	552
私营股份有限公司	32	11	22
港、澳、台商投资企业	19	4	11
合资经营企业(港或澳、台资)	11	4	5
港、澳、台商独资经营企业	8		6
外商投资企业	13	6	4
中外合资经营企业	4	1	1
中外合作经营企业	1		
外资企业	7	4	2
外商投资股份有限公司	1	1	1
按国民经济行业			
采矿业	96	19	14

续 3-1

分 布	有 R&D 活动的企业	有研发机构的企业	有新产品销售的企业
煤炭开采和洗选业	64	16	8
黑色金属矿采选业	2		1
有色金属矿采选业	8	1	1
非金属矿采选业	22	2	4
制造业	1 430	414	864
农副食品加工业	112	28	76
食品制造业	51	12	23
酒、饮料和精制茶制造业	143	41	79
烟草制品业	3	1	2
纺织业	8	1	4
纺织服装、服饰业	9	1	6
皮革、毛皮、羽毛及其制品和制鞋业	13	1	9
木材加工和木、竹、藤、棕、草制品业	32	1	16
家具制造业	7	1	6
造纸和纸制品业	21	4	10
印刷和记录媒介复制业	11	4	8
文教、工美、体育和娱乐用品制造业	12	6	11
石油加工、炼焦和核燃料加工业	5		3
化学原料和化学制品制造业	118	36	68
医药制造业	88	36	38
化学纤维制造业	2	2	2
橡胶和塑料制品业	66	20	46
非金属矿物制品业	271	64	123
黑色金属冶炼和压延加工业	22	7	10
有色金属冶炼和压延加工业	43	12	25
金属制品业	66	19	42
通用设备制造业	46	13	34
专用设备制造业	51	13	41
汽车制造业	22	10	19
铁路、船舶、航空航天和其他运输设备制造业	39	29	37
电气机械和器材制造业	83	21	62
计算机、通信和其他电子设备制造业	53	21	47
仪器仪表制造业	9	5	7
其他制造业	13	3	5
废弃资源综合利用业	9	2	4
金属制品、机械和设备修理业	2		1
电力、热力、燃气及水生产和供应业	65	12	13
电力、热力生产和供应业	46	9	6
燃气生产和供应业	3		2
水的生产和供应业	16	3	5

3−2　R&D 人员

分　布	R&D 人员 /人	#女性	#研究人员	#全时人员	R&D 人员折合全时当量/人年
总　计	44 499	8 776	13 260	26 173	26 717
按地区					
贵阳市	12 772	2 930	5 121	8 448	8 342
六盘水市	6 357	610	1 123	2 650	3 355
遵义市	7 683	1 516	2 268	3 809	4 433
安顺市	4 553	1 199	1 539	3 066	2 565
毕节市	1 524	203	440	616	819
铜仁市	1 365	349	310	1 080	772
黔西南布依族苗族自治州	3 828	568	939	2 290	1 866
黔东南苗族侗族自治州	1 832	379	372	963	1 104
黔南布依族苗族自治州	4 585	1 022	1 148	3 251	3 460
按企业规模					
大型	15 668	2 970	4 894	8 885	8 861
中型	12 329	2 026	3 980	7 278	7 537
小型	14 574	3 337	3 673	9 144	9 217
微型	1 928	443	713	866	1 102
按登记注册类型					
内资企业	43 647	8 588	12 998	25 595	26 216
国有企业	2 222	492	1 063	1 121	1 365
集体企业	18	1	3		15
股份合作企业	19	2	8	12	17
有限责任公司	20 230	3 855	6 635	11 790	12 661
国有独资公司	4 389	820	1 655	2 812	2 957
其他有限责任公司	15 841	3 035	4 980	8 978	9 704
股份有限公司	5 873	1 061	1 876	3 081	3 057
私营企业	15 285	3 177	3 413	9 591	9 102
私营独资企业	266	58	69	179	138

续 3-2

分 布	R&D 人员/人	#女性	#研究人员	#全时人员	R&D 人员折合全时当量/人年
私营合伙企业	302	22	26	201	134
私营有限责任公司	13 382	2 738	2 873	8 315	8 173
私营股份有限公司	1 335	359	445	896	657
港、澳、台商投资企业	516	115	144	395	285
合资经营企业（港或澳、台资）	373	72	120	293	196
港、澳、台商独资经营企业	143	43	24	102	89
外商投资企业	336	73	118	183	215
中外合资经营企业	68	10	31	46	50
中外合作经营企业	99	4	31	3	29
外资企业	150	55	56	118	119
外商投资股份有限公司	19	4		16	17
按国民经济行业					
采矿业	5 766	262	1 141	2 723	2 764
煤炭开采和洗选业	5 483	212	1 065	2 544	2 569
黑色金属矿采选业	19	4	6	14	8
有色金属矿采选业	64	12	19	45	36
非金属矿采选业	200	34	51	120	151
制造业	36 232	8 098	11 038	22 402	22 402
农副食品加工业	1 222	315	283	711	795
食品制造业	786	229	175	573	533
酒、饮料和精制茶制造业	2 663	772	731	1 093	1 117
烟草制品业	320	74	148	107	82
纺织业	101	39	20	56	67
纺织服装、服饰业	281	39	21	174	194
皮革、毛皮、羽毛及其制品和制鞋业	309	93	27	116	119
木材加工和木、竹、藤、棕、草制品业	392	78	79	209	227
家具制造业	103	19	39	73	84

续 3-2

分 布	R&D 人员/人	#女性	#研究人员	#全时人员	R&D 人员折合全时当量/人年
造纸和纸制品业	533	145	112	297	403
印刷和记录媒介复制业	247	61	36	143	183
文教、工美、体育和娱乐用品制造业	176	80	34	82	123
石油加工、炼焦和核燃料加工业	413	23	62	56	340
化学原料和化学制品制造业	2 838	646	812	1 920	1 648
医药制造业	2 421	1 062	881	1 710	1 568
化学纤维制造业	17	4	4	12	10
橡胶和塑料制品业	1 329	230	401	999	766
非金属矿物制品业	3 464	624	706	2 115	2 135
黑色金属冶炼和压延加工业	1 618	291	288	687	701
有色金属冶炼和压延加工业	1 772	166	421	850	1 072
金属制品业	1 385	184	342	770	776
通用设备制造业	1 283	235	489	858	836
专用设备制造业	850	142	250	533	529
汽车制造业	726	133	282	440	500
铁路、船舶、航空航天和其他运输设备制造业	5 664	1 379	2 414	3 987	4 125
电气机械和器材制造业	1 752	311	574	1 234	1 113
计算机、通信和其他电子设备制造业	2 488	551	941	1 851	1 534
仪器仪表制造业	221	25	92	176	186
其他制造业	635	127	313	427	538
废弃资源综合利用业	92	15	29	54	48
金属制品、机械和设备修理业	131	6	32	89	50
电力、热力、燃气及水生产和供应业	2 501	416	1 081	1 048	1 551
电力、热力生产和供应业	2 207	358	1 002	837	1 360
燃气生产和供应业	32	4	7	18	20
水的生产和供应业	262	54	72	193	171

3-3 R&D 经费

分布	R&D经费内部支出	(一)按支出用途分				(二)按资金来源分			
		日常性（经常性）支出	#人员劳务费	资产性支出	#仪器和设备	政府资金	企业资金	境外资金	其他资金
总计	1 210 566.9	1 145 502.2	302 375.9	65 064.7	63 007.5	123 529.7	1 073 418.0	9 253.1	4 366.1
按地区									
贵阳市	464 693.9	429 231.3	122 145.4	35 462.6	34 897.5	107 324.0	357 369.9		
六盘水市	120 906.2	114 958.2	33 751.8	5 948.0	5 620.8	1 192.3	119 713.9		
遵义市	179 639.0	169 182.6	44 465.3	10 456.4	10 347.1	7 602.5	162 783.4	9 253.1	
安顺市	101 471.2	96 576.1	25 187.0	4 895.1	4 708.8	4 743.4	92 477.9		4 249.9
毕节市	27 237.2	25 926.4	7 698.6	1 310.8	1 037.1	253.8	26 983.4		
铜仁市	63 483.3	62 584.2	10 213.7	899.1	866.6	578.4	62 904.9		
黔西南布依族苗族自治州	94 362.4	90 569.1	19 349.9	3 793.3	3 417.3	553.4	93 709.6		99.4
黔东南苗族侗族自治州	33 908.4	33 205.4	9 442.2	703.0	648.8	220.2	33 688.2		
黔南布依族苗族自治州	124 865.3	123 268.9	30 122.0	1 596.4	1 463.5	1 061.7	123 786.8		16.8
按企业规模									
大型	503 844.5	470 185.8	119 520.1	33 658.7	33 371.8	100 366.7	390 378.8	9 253.1	3 845.9
中型	336 398.3	317 988.6	82 852.4	18 409.7	17 514.5	18 058.7	318 100.3		239.3
小型	328 794.0	319 316.8	82 721.0	9 477.2	8 643.9	5 025.4	323 504.5		264.1
微型	41 530.1	38 011.0	17 282.4	3 519.1	3 477.3	78.9	41 434.4		16.8
按登记注册类型									
内资企业	1 186 295.9	1 121 749.4	295 846.2	64 546.5	62 524.1	123 034.8	1 049 641.9	9 253.1	4 366.1
国有企业	57 756.8	50 843.5	23 903.4	6 913.3	6 768.5	1 419.8	56 337.0		
集体企业	293.9	293.9	75.0				293.9		
股份合作企业	399.1	399.1	116.3				399.1		
有限责任公司	615 750.6	577 983.2	150 116.7	37 767.4	36 624.4	115 505.6	496 257.7		3 987.3
国有独资公司	108 523.7	101 844.2	32 473.7	6 679.5	6 576.2	15 003.6	92 835.9		684.2
其他有限责任公司	507 226.9	476 139.0	117 643.0	31 087.9	30 048.2	100 502.0	403 421.8		3 303.1
股份有限公司	177 950.7	166 841.5	37 653.0	11 109.2	10 968.0	1 994.5	166 703.1	9 253.1	
私营企业	334 144.8	325 388.2	83 981.8	8 756.6	8 163.2	4 114.9	329 651.1		378.8
私营独资企业	3 909.7	3 896.8	883.4	12.9	12.1	543.0	3 127.4		239.3

三　规模以上工业企业

单位:万元

R&D 经费外部支出	#对境内研究机构支出	对境内高等学校支出	对境内企业支出	对境外支出
89 802.6	10 009.2	8 477.5	71 183.6	132.3
71 897.6	4 545.5	4 702.1	62 650.0	
831.6	53.5	117.9	660.2	
4 771.7	1 797.1	1 433.9	1 540.7	
6 219.6	2 946.4	181.6	2 960.6	131.0
1 416.6	10.0	432.8	973.8	
653.6	5.7	527.8	120.1	
1 601.5	250.3	385.4	964.5	1.3
578.8	101.4	121.6	355.8	
1 831.6	299.3	574.4	957.9	
62 271.9	6 660.6	1 932.0	53 548.3	131.0
8 069.1	168.1	2 147.9	5 753.1	
6 589.0	2 128.3	1 216.0	3 243.4	1.3
12 872.6	1 052.2	3 181.6	8 638.8	
88 200.8	9 345.7	8 282.1	70 440.7	132.3
12 811.7	1 076.2	3 288.7	8 446.8	
50 286.9	3 019.7	3 040.7	44 226.5	
4 122.3	65.6	1 705.5	2 351.2	
46 164.6	2 954.1	1 335.2	41 875.3	
18 290.4	1 700.9	1 511.0	15 078.5	
6 811.8	3 548.9	441.7	2 688.9	132.3
26.3	26.3			

续 3-3

分　布	R&D 经费内部支出	(一)按支出用途分				(二)按资金来源分			
		日常性（经常性）支出	#人员劳务费	资产性支出	#仪器和设备	政府资金	企业资金	境外资金	其他资金
私营合伙企业	6 877.2	5 946.7	1 257.9	930.5	905.5		6 877.2		
私营有限责任公司	295 331.7	288 078.2	74 191.6	7 253.5	6 693.2	3 308.5	291 883.7		139.5
私营股份有限公司	28 026.2	27 466.5	7 648.9	559.7	552.4	263.4	27 762.8		
港、澳、台商投资企业	13 373.4	13 044.1	3 289.6	329.3	303.4	224.6	13 148.8		
合资经营企业(港或澳、台资)	10 471.4	10 142.1	2 464.2	329.3	303.4	194.6	10 276.8		
港、澳、台商独资经营企业	2 902.0	2 902.0	825.4			30.0	2 872.0		
外商投资企业	10 897.6	10 708.7	3 240.1	188.9	180.0	270.3	10 627.3		
中外合资经营企业	2 076.4	2 076.4	858.5			173.0	1 903.4		
中外合作经营企业	3 896.0	3 887.4	1 149.3	8.6			3 896.0		
外资企业	4 666.2	4 485.9	1 129.0	180.3	180.0	97.3	4 568.9		
外商投资股份有限公司	259.0	259.0	103.3				259.0		
按国民经济行业									
采矿业	111 642.9	104 683.4	31 700.0	6 959.5	6 460.2	1 538.0	109 825.5		279.4
煤炭开采和洗选业	103 150.1	96 218.1	30 021.1	6 932.0	6 458.2	1 508.0	101 362.7		279.4
黑色金属矿采选业	121.8	119.3	32.6	2.5	2.0	30.0	91.8		
有色金属矿采选业	2 337.4	2 337.4	297.6				2 337.4		
非金属矿采选业	6 033.6	6 008.6	1 348.7	25.0			6 033.6		
制造业	1 043 191.8	987 970.2	245 898.9	55 221.6	53 771.0	121 926.7	907 942.1	9 253.1	4 069.9
农副食品加工业	31 640.1	28 894.1	6 036.4	2 746.0	2 641.6	1 291.6	30 348.5		
食品制造业	15 493.5	15 155.2	3 073.7	338.3	292.4	406.8	15 086.7		
酒、饮料和精制茶制造业	35 722.5	34 650.9	11 754.4	1 071.6	1 035.3	896.3	34 726.8		99.4
烟草制品业	5 595.7	5 106.7	3 028.5	489.0	487.3		5 595.7		
纺织业	2 012.7	1 999.9	503.7	12.8			2 012.7		
纺织服装、服饰业	2 735.1	2 720.8	1 458.5	14.3	14.3	1.0	2 734.1		
皮革、毛皮、羽毛及其制品和制鞋业	3 901.9	3 803.4	1 136.2	98.5	84.5		3 901.9		
木材加工和木、竹、藤、棕、草制品业	5 534.4	5 530.9	1 225.7	3.5	2.0	41.0	5 493.4		

R&D 经费外部支出	#对境内研究机构支出	对境内高等学校支出	对境内企业支出	对境外支出
79.0			79.0	
3 451.3	963.0	404.5	2 082.5	1.3
3 255.2	2 559.6	37.2	527.4	131.0
594.7		110.0	484.7	
455.4		50.0	405.4	
139.3		60.0	79.3	
1 007.1	663.5	85.4	258.2	
440.8	97.2	85.4	258.2	
566.3	566.3			
984.7	48.9	348.3	586.2	1.3
954.7	48.9	318.3	586.2	1.3
30.0		30.0		
65 612.7	8 981.7	4 795.2	51 704.8	131.0
681.5	104.7	537.1	39.7	
212.7	38.8	153.4	20.5	
2 217.0	430.7	1 012.7	773.6	
231.9	23.0	47.1	161.8	
20.0	20.0			

续 3－3

分　布	R&D 经费内部支出	(一)按支出用途分				(二)按资金来源分			
		日常性(经常性)支出	#人员劳务费	资产性支出	#仪器和设备	政府资金	企业资金	境外资金	其他资金
家具制造业	3 121.2	3 090.5	1 268.5	30.7	30.7	42.0	3 079.2		
造纸和纸制品业	16 100.9	15 135.4	4 066.8	965.5	943.1	30.0	16 070.9		
印刷和记录媒介复制业	7 083.8	6 648.7	2 185.3	435.1	414.2		7 083.8		
文教、工美、体育和娱乐用品制造业	4 530.8	4 515.7	1 009.4	15.1	15.0	30.0	4 500.8		
石油加工、炼焦和核燃料加工业	6 777.5	6 769.7	2 553.5	7.8		0.3	6 777.2		
化学原料和化学制品制造业	130 235.8	128 995.5	22 343.6	1 240.3	1 080.6	1 274.2	128 961.6		
医药制造业	61 420.9	59 477.7	15 596.4	1 943.2	1 920.9	1 313.3	60 107.6		
化学纤维制造业	832.7	680.1	55.5	152.6	152.6		832.7		
橡胶和塑料制品业	32 800.3	32 068.2	7 032.0	732.1	730.8	241.9	32 558.4		
非金属矿物制品业	70 529.6	68 411.2	18 021.2	2 118.4	1 903.5	416.3	70 113.3		
黑色金属冶炼和压延加工业	40 637.8	39 786.2	5 278.6	851.6	815.6	3 891.8	36 746.0		
有色金属冶炼和压延加工业	74 728.5	74 295.7	13 350.8	432.8	330.2	347.3	65 128.1	9 253.1	
金属制品业	29 126.6	28 249.8	6 054.1	876.8	850.3	223.3	28 903.3		
通用设备制造业	29 437.4	24 723.2	9 102.3	4 714.2	4 704.0	2 645.8	26 791.6		
专用设备制造业	19 878.1	19 227.6	6 265.4	650.5	637.1	251.8	19 626.3		
汽车制造业	18 123.0	17 614.8	6 213.4	508.2	435.8	771.8	17 351.2		
铁路、船舶、航空航天和其他运输设备制造业	231 783.8	209 959.0	49 784.4	21 824.8	21 542.9	95 290.4	132 647.5		3 845.9
电气机械和器材制造业	57 796.3	51 997.0	15 366.0	5 799.3	5 757.3	2 447.1	55 349.2		
计算机、通信和其他电子设备制造业	73 675.1	67 526.5	19 830.0	6 148.6	6 085.3	9 666.5	63 884.0		124.6
仪器仪表制造业	5 315.6	5 210.6	3 368.8	105.0	105.0	127.5	5 188.1		
其他制造业	21 973.9	21 201.4	7 390.6	772.5	636.8	257.0	21 716.9		
废弃资源综合利用业	2 853.2	2 730.7	920.8	122.5	121.9	21.7	2 831.5		
金属制品、机械和设备修理业	1 793.1	1 793.1	624.4				1 793.1		
电力、热力、燃气及水生产和供应业	55 732.2	52 848.6	24 777.0	2 883.6	2 776.3	65.0	55 650.4		16.8
电力、热力生产和供应业	50 105.8	47 934.9	22 983.9	2 170.9	2 087.2	12.0	50 077.0		16.8
燃气生产和供应业	727.5	724.1	142.0	3.4			727.5		
水的生产和供应业	4 898.9	4 189.6	1 651.1	709.3	689.1	53.0	4 845.9		

R&D 经费外部支出	#对境内研究机构支出	对境内高等学校支出	对境内企业支出	对境外支出
48.5		48.5		
20.0	20.0			
25.3			25.3	
1 057.2	31.1	413.6	612.5	
6 080.1	4 285.7	160.6	1 502.8	131.0
47.0	27.0	20.0		
345.5	115.9		229.6	
533.1	29.8	151.9	351.4	
1 864.6	1 120.5	363.7	380.4	
15.7	10.0		5.7	
301.3	92.9	30.8	177.6	
16.4		2.5	13.9	
26 688.5	274.6	102.2	26 311.7	
4 045.5	2 178.5	711.0	1 156.0	
639.7	3.3	332.9	303.5	
17 923.6	4.4	265.2	17 654.0	
182.7	97.6		85.1	
1 497.9		442.0	1 055.9	
917.0	73.2		843.8	
23 205.2	978.6	3 334.0	18 892.6	
23 197.6	978.6	3 334.0	18 885.0	
7.6			7.6	

3-4　R&D 项目

分　布	项目数/项	参加项目人员/人	项目人员折合全时当量/人年	全部项目经费内部支出/万元	#政府资金
总　计	5 893	41 147	26 503	1 217 387.6	107 141.5
按地区					
贵阳市	1 771	11 954	8 333	464 133.0	93 716.9
六盘水市	489	5 668	3 242	112 952.3	1 051.5
遵义市	995	7 253	4 430	175 233.9	5 704.2
安顺市	719	4 204	2 542	110 025.2	4 678.2
毕节市	145	1 292	790	26 027.7	179.3
铜仁市	208	1 258	772	64 269.7	429.1
黔西南布依族苗族自治州	274	3 392	1 848	95 010.1	626.2
黔东南苗族侗族自治州	373	1 688	1 097	35 940.3	220.6
黔南布依族苗族自治州	919	4 438	3 449	133 795.4	535.5
按企业规模					
大型	1 340	14 534	8 861	492 496.5	88 579.9
中型	1 294	11 370	7 429	328 657.7	14 269.3
小型	2 944	13 411	9 127	343 551.6	4 055.6
微型	315	1 832	1 088	52 681.8	236.7
按登记注册类型					
内资企业	5 753	40 378	26 004	1 187 355.8	106 898.5
国有企业	267	2 125	1 364	65 367.8	423.6
集体企业	5	17	15	306.2	
股份合作企业	1	17	17	413.7	
有限责任公司	2 305	18 628	12 534	599 814.7	101 560.6
国有独资公司	351	4 070	2 957	109 155.1	13 508.7
其他有限责任公司	1 954	14 558	9 577	490 659.6	88 051.9
股份有限公司	610	5 486	3 057	172 712.9	1 128.2
私营企业	2 565	14 105	9 017	348 740.5	3 786.1
私营独资企业	38	239	136	4 129.5	543.0

续3-4

分 布	项目数/项	参加项目人员/人	项目人员折合全时当量/人年	全部项目经费内部支出/万元	#政府资金
私营合伙企业	14	275	134	5 306.2	
私营有限责任公司	2 311	12 327	8 090	307 434.6	3 141.1
私营股份有限公司	202	1 264	657	31 870.2	102.0
港、澳、台商投资企业	86	459	285	18 297.4	41.6
合资经营企业(港或澳、台资)	63	327	196	10 902.6	11.6
港、澳、台商独资经营企业	23	132	89	7 394.8	30.0
外商投资企业	54	310	215	11 734.4	201.4
中外合资经营企业	9	63	50	2 245.9	173.0
中外合作经营企业	13	96	29	3 959.9	
外资企业	28	132	118	5 260.9	28.4
外商投资股份有限公司	4	19	17	267.7	
按国民经济行业					
采矿业	310	5 008	2 642	104 361.5	1 467.6
煤炭开采和洗选业	246	4 752	2 456	95 383.1	1 437.6
黑色金属矿采选业	2	16	7	131.9	30.0
有色金属矿采选业	21	52	32	2 477.2	
非金属矿采选业	41	188	146	6 369.3	
制造业	5 234	33 785	22 313	1 037 640.1	105 661.8
农副食品加工业	239	1 130	790	31 216.1	1 046.9
食品制造业	131	729	529	16 685.2	375.7
酒、饮料和精制茶制造业	347	2 466	1 113	38 481.7	842.3
烟草制品业	45	287	82	5 719.4	
纺织业	18	89	67	2 191.2	
纺织服装、服饰业	21	274	194	2 902.9	1.0
皮革、毛皮、羽毛及其制品和制鞋业	25	275	119	4 036.8	
木材加工和木、竹、藤、棕、草制品业	59	363	227	6 449.5	41.0

续 3-4

分 布	项目数/项	参加项目人员/人	项目人员折合全时当量/人年	全部项目经费内部支出/万元	#政府资金
家具制造业	22	96	84	3 043.6	32.0
造纸和纸制品业	66	503	401	15 812.3	
印刷和记录媒介复制业	47	232	183	7 695.7	
文教、工美、体育和娱乐用品制造业	32	168	123	4 790.8	30.0
石油加工、炼焦和核燃料加工业	18	382	340	8 276.1	0.3
化学原料和化学制品制造业	499	2 629	1 632	130 948.1	706.8
医药制造业	495	2 289	1 564	66 636.2	746.3
化学纤维制造业	3	16	10	709.2	
橡胶和塑料制品业	184	1 149	760	34 093.6	161.9
非金属矿物制品业	543	3 219	2 113	74 406.2	486.2
黑色金属冶炼和压延加工业	149	1 439	701	37 270.9	2 065.9
有色金属冶炼和压延加工业	213	1 679	1 072	76 347.5	301.3
金属制品业	213	1 298	764	30 141.5	194.1
通用设备制造业	215	1 212	835	25 968.8	2 851.9
专用设备制造业	165	779	522	19 698.5	189.9
汽车制造业	77	667	499	18 650.4	623.8
铁路、船舶、航空航天和其他运输设备制造业	512	5 391	4 123	216 253.4	85 754.8
电气机械和器材制造业	305	1 662	1 110	53 854.4	2 420.2
计算机、通信和其他电子设备制造业	470	2 343	1 533	74 312.2	6 527.0
仪器仪表制造业	33	211	186	3 410.8	
其他制造业	56	606	538	22 693.5	257.0
废弃资源综合利用业	16	85	48	3 135.1	5.5
金属制品、机械和设备修理业	16	117	50	1 808.5	
电力、热力、燃气及水生产和供应业	349	2 354	1 548	75 386.0	12.1
电力、热力生产和供应业	310	2 094	1 358	70 117.6	12.1
燃气生产和供应业	11	30	20	817.3	
水的生产和供应业	28	230	170	4 451.1	

3-5 企业办科技机构

分　布	(期末)机构数/个	机构人员/人	#博士毕业	硕士毕业	机构经费支出/万元	期末仪器和设备原价/万元	#进口/万元
总　计	503	20 778	217	2 410	773 199.6	694 167.3	
按地区							
贵阳市	124	7 465	73	1 299	363 104.6	247 397.9	
六盘水市	57	2 573	6	89	63 634.4	37 774.5	
遵义市	112	5 121	55	640	139 413.6	153 119.5	
安顺市	62	2 557	38	144	72 464.4	176 839.2	
毕节市	13	200	14	13	4 407.9	3 950.6	
铜仁市	11	561	4	74	46 007.4	5 076.5	
黔西南布依族苗族自治州	51	1 117	11	29	23 734.0	13 499.8	
黔东南苗族侗族自治州	23	239	6	7	6 641.5	3 977.9	
黔南布依族苗族自治州	50	945	10	115	53 791.8	52 531.4	
按企业规模							
大型	69	10 328	90	1 307	449 635.6	384 063.8	
中型	93	5 724	30	746	188 498.7	165 322.7	
小型	312	4 342	91	298	110 265.8	133 871.9	
微型	29	384	6	59	24 799.5	10 908.9	
按登记注册类型							
内资企业	491	20 445	213	2 368	758 797.6	667 123.4	
国有企业	7	1 056	15	309	43 315.3	44 406.1	
集体企业							
股份合作企业							
有限责任公司	167	10 252	92	1 357	389 173.3	445 626.7	
国有独资公司	30	2 503	25	411	79 557.7	68 824.0	
其他有限责任公司	137	7 749	67	946	309 615.6	376 802.7	
股份有限公司	40	4 446	20	474	198 694.6	109 429.0	
私营企业	277	4 691	86	228	127 614.4	67 661.6	
私营独资企业	5	35		2	445.4	135.4	

续 3-5

分布	(期末)机构数/个	机构人员/人	#博士毕业	硕士毕业	机构经费支出/万元	期末仪器和设备原价/万元	#进口/万元
私营合伙企业	5	40	1	8	2 798.8	8 828.7	
私营有限责任公司	251	3 812	69	192	103 469.6	52 257.4	
私营股份有限公司	16	804	16	26	20 900.6	6 440.1	
港、澳、台商投资企业	4	173	1	13	7 418.3	2 839.0	
合资经营企业(港或澳、台资)	4	173	1	13	7 418.3	2 839.0	
港、澳、台商独资经营企业							
外商投资企业	8	160	3	29	6 983.7	24 204.9	
中外合资经营企业	1	13			998.9	20 916.1	
中外合作经营企业							
外资企业	6	124	3	29	5 535.7	3 097.0	
外商投资股份有限公司	1	23			449.1	191.8	
按国民经济行业							
采矿业	22	2 073	1	42	37 334.6	16 443.5	
煤炭开采和洗选业	19	2 046	1	42	34 946.1	16 164.5	
黑色金属矿采选业							
有色金属矿采选业	1	6			965.0	32.0	
非金属矿采选业	2	21			1 423.5	247.0	
制造业	467	17 977	209	2 288	700 793.6	658 005.1	
农副食品加工业	29	368	25	40	11 696.3	6 279.5	
食品制造业	12	170	5	13	9 154.2	4 042.5	
酒、饮料和精制茶制造业	49	1 828	28	195	29 304.3	30 282.9	
烟草制品业	3	165	9	81	15 424.7	13 106.7	
纺织业	1				426.7	491.4	
纺织服装、服饰业	1	14			311.0	11.2	
皮革、毛皮、羽毛及其制品和制鞋业	1	5			235.7	15.9	
木材加工和木、竹、藤、棕、草制品业	1	9			585.0	28.0	
家具制造业	1	16	2	4	56.0	980.0	

续 3 - 5

分 布	(期末)机构数/个	机构人员/人	#博士毕业	硕士毕业	机构经费支出/万元	期末仪器和设备原价/万元	#进口/万元
造纸和纸制品业	4	200		2	5 696.3	1 747.9	
印刷和记录媒介复制业	4	126	1	1	4 723.1	4 473.0	
文教、工美、体育和娱乐用品制造业	6	109	7	1	3 523.2	1 759.0	
石油加工、炼焦和核燃料加工业							
化学原料和化学制品制造业	38	1 553	19	207	102 503.3	56 661.3	
医药制造业	44	1 295	23	127	52 518.9	17 456.5	
化学纤维制造业	2	15			682.5	205.8	
橡胶和塑料制品业	25	1 014	9	65	31 508.5	19 494.2	
非金属矿物制品业	68	1 185	7	25	26 366.0	44 093.4	
黑色金属冶炼和压延加工业	13	548	4	176	17 766.9	20 046.8	
有色金属冶炼和压延加工业	13	487	1	12	38 640.9	4 658.2	
金属制品业	26	615	1	65	22 530.7	30 273.8	
通用设备制造业	14	737	2	61	20 548.7	38 234.2	
专用设备制造业	13	222		9	5 284.5	3 256.4	
汽车制造业	14	448	3	24	12 020.9	8 931.1	
铁路、船舶、航空航天和其他运输设备制造业	30	4 295	37	593	183 302.8	264 088.7	
电气机械和器材制造业	22	708	7	162	25 360.4	23 804.3	
计算机、通信和其他电子设备制造业	23	1 231	12	253	54 812.8	50 545.4	
仪器仪表制造业	5	179	2	18	5 443.9	4 540.8	
其他制造业	3	425	5	150	19 369.7	8 359.5	
废弃资源综合利用业	2	10		4	995.7	136.7	
金属制品、机械和设备修理业							
电力、热力、燃气及水生产和供应业	14	728	7	80	35 071.4	19 718.7	
电力、热力生产和供应业	11	614	6	73	31 824.9	18 866.0	
燃气生产和供应业							
水的生产和供应业	3	114	1	7	3 246.5	852.7	

3-6 自主知识产权保护

分 布	专利申请数/件	#发明专利	(期末)有效发明专利数/件	#境外授权	专利所有权转让及许可数/件	专利所有权转让与许可收入/万元	(期末)拥有注册商标数/件	#境外注册	形成国家或行业标准数/项
总 计	8 372	3 850	9 357		69	880	9 140		187
按地区									
贵阳市	4 396	2 421	5 129		52	310	3 282		105
六盘水市	526	99	294				123		1
遵义市	1 281	605	1 388		11	570	2 587		30
安顺市	711	295	726				567		14
毕节市	293	73	198				109		1
铜仁市	211	90	231		1		151		15
黔西南布依族苗族自治州	128	43	215				59		5
黔东南苗族侗族自治州	275	57	368		1		132		7
黔南布依族苗族自治州	551	167	808		4		2 130		9
按企业规模									
大型	2 166	952	2 504		1	80	3 781		57
中型	1 971	841	2 347		8	490	1 622		32
小型	3 015	905	3 559		25	80	3 607		94
微型	1 220	1 152	947		35	230	130		4
按登记注册类型									
内资企业	8 166	3 807	9 158		69	880	8 620		182
国有企业	1 458	1 319	1 300		36	720	45		20
集体企业	15		16						
股份合作企业	3	2	7						
有限责任公司	3 765	1 585	4 077		18	160	3 154		50
国有独资公司	924	454	857				2 153		7
其他有限责任公司	2 841	1 131	3 220		18	160	1 001		43
股份有限公司	791	306	1 171				1 253		51
私营企业	2 134	595	2 587		15		4 168		61
私营独资企业	20	7	8				58		
私营合伙企业	2	1	1				1		
私营有限责任公司	1 981	528	2 263		14		2 902		49
私营股份有限公司	131	59	315		1		1 207		12
港、澳、台商投资企业	133	19	70				182		1
合资经营企业(港或澳、台资)	97	19	56				29		1
港、澳、台商独资经营企业	36		14				153		
外商投资企业	73	24	129				338		4
中外合资经营企业	28	6	22				8		
中外合作经营企业	21	6	3						
外资企业	24	12	69				318		4
外商投资股份有限公司			35				12		
按国民经济行业									
采矿业	217	39	67				4		
煤炭开采和洗选业	195	30	55				4		
黑色金属矿采选业	7	5	5						

续 3-6

分布	专利申请数/件	#发明专利	(期末)有效发明专利数/件	#境外授权	专利所有权转让及许可数/件	专利所有权转让与许可收入/万元	(期末)拥有注册商标数/件	#境外注册	形成国家或行业标准数/项
有色金属矿采选业									
非金属矿采选业	15	4	7						
制造业	6 529	2 572	8 166		34	650	8 942		172
农副食品加工业	168	74	190		2		403		9
食品制造业	60	27	119				1 252		3
酒、饮料和精制茶制造业	279	105	175		3	80	2 434		18
烟草制品业	187	58	153				512		
纺织业	33		63				10		
纺织服装、服饰业	3		2				1		
皮革、毛皮、羽毛及其制品和制鞋业	30	9	57				4		
木材加工和木、竹、藤、棕、草制品业	35	6	41				16		
家具制造业	59	12	87				127		4
造纸和纸制品业	87	18	70				496		
印刷和记录媒介复制业	67	20	33		7		6		5
文教、工美、体育和娱乐用品制造业	28	14	31				27		
石油加工、炼焦和核燃料加工业	20	3	1						
化学原料和化学制品制造业	509	170	802				338		18
医药制造业	270	123	911		1		2 196		37
化学纤维制造业	1	1	1						
橡胶和塑料制品业	246	50	292		5		132		16
非金属矿物制品业	394	103	307				141		14
黑色金属冶炼和压延加工业	254	105	137				59		
有色金属冶炼和压延加工业	223	71	413				44		
金属制品业	210	92	315				84		5
通用设备制造业	319	141	342		15	490	76		5
专用设备制造业	261	86	360				140		1
汽车制造业	271	72	158				42		
铁路、船舶、航空航天和其他运输设备制造业	1 146	692	1 430		1	80	47		16
电气机械和器材制造业	522	157	573				200		4
计算机、通信和其他电子设备制造业	534	226	674	0	0	0	113	0	3
仪器仪表制造业	122	31	179	0	0	0	19	0	13
其他制造业	159	101	182				20		1
废弃资源综合利用业	15	2	50				3		
金属制品、机械和设备修理业	17	3	18						
电力、热力、燃气及水生产和供应业	1 626	1 239	1 124		35	230	194		15
电力、热力生产和供应业	1 592	1 217	926		35	230			1
燃气生产和供应业	4		10						
水的生产和供应业	30	22	188				194		14

3-7 新产品

分布	新产品开发项目数/项	新产品开发经费支出/万元	新产品销售收入/万元	#出口
总　计	5 381	1054368.4	10207676.2	485 708.4
按地区				
贵阳市	2 040	485 433.4	4 223 653.2	170 437.7
六盘水市	281	80 792.8	258 019.0	32.1
遵义市	832	144 091.7	2 792 348.2	37 536.5
安顺市	652	88 172.7	676 526.3	15 048.2
毕节市	171	24 691.4	83 346.1	141.2
铜仁市	257	72 541.7	673 201.2	9 194.8
黔西南布依族苗族自治州	131	44 020.7	342 315.8	561.1
黔东南苗族侗族自治州	281	21 885.5	179 650.1	377.5
黔南布依族苗族自治州	736	92 738.5	978 616.3	252 379.3
按企业规模				
大型	1 168	438 242.9	5 075 754.7	276 797.6
中型	1 220	292 051.2	3 148 262.7	168 894.0
小型	2 744	292 627.9	1 948 428.9	38 390.8
微型	249	31 446.4	35 229.9	1 626.0
按登记注册类型				
内资企业	5 288	1 038 582.9	10 048 843.7	484 774.5
国有企业	279	58 119.7	204 685.6	9 662.4
集体企业	5	293.9		
股份合作企业	1	399.1		
有限责任公司	2 139	579 421.5	5 043 663.8	270 153.6
国有独资公司	390	107 059.7	926 485.9	2 259.2
其他有限责任公司	1 749	472 361.8	4 117 177.9	267 894.4
股份有限公司	506	128 343.3	2 983 288.8	164 487.0
私营企业	2 358	272 005.4	1 817 205.5	40 471.5
私营独资企业	29	2 083.6	6 157.7	

续 3-7

分 布	新产品开发项目数/项	新产品开发经费支出/万元	新产品销售收入/万元	#出口
私营合伙企业	3	3 552.9	3 436.6	
私营有限责任公司	2 148	242 091.7	1 449 927.1	34 068.0
私营股份有限公司	178	24 277.2	357 684.1	6 403.5
港、澳、台商投资企业	58	8 095.7	125 096.3	764.6
合资经营企业（港或澳、台资）	41	5 795.5	114 957.3	15.3
港、澳、台商独资经营企业	17	2 300.2	10 139.0	749.3
外商投资企业	35	7 689.8	33 736.2	169.3
中外合资经营企业	7	1 964.0	417.4	
中外合作经营企业				
外资企业	25	5 531.4	32 066.6	
外商投资股份有限公司	3	194.4	1 252.2	169.3
按国民经济行业				
采矿业	126	35 288.8	42 691.2	
煤炭开采和洗选业	99	31 385.2	36 404.7	
黑色金属矿采选业	4	612.2	1 484.8	
有色金属矿采选业	3	1 179.7	568.0	
非金属矿采选业	20	2 111.7	4 233.7	
制造业	5 078	987 950.7	10 146 002.9	485 551.5
农副食品加工业	225	28 352.5	111 999.1	1 125.4
食品制造业	123	16 465.6	22 102.1	32.1
酒、饮料和精制茶制造业	245	21 133.9	1 070 133.0	585.4
烟草制品业	104	7 932.7	187 221.3	124.3
纺织业	11	1 297.8	10 300.7	1 627.8
纺织服装、服饰业	10	869.5	3 657.0	
皮革、毛皮、羽毛及其制品和制鞋业	25	4 313.8	21 074.0	
木材加工和木、竹、藤、棕、草制品业	39	3 689.1	12 527.7	
家具制造业	21	2 788.9	41 228.7	

续 3-7

分 布	新产品开发项目数/项	新产品开发经费支出/万元	新产品销售收入/万元	#出口
造纸和纸制品业	46	9 208.2	96 211.3	
印刷和记录媒介复制业	32	5 250.5	80 242.5	
文教、工美、体育和娱乐用品制造业	30	2 698.2	19 551.2	6 556.7
石油加工、炼焦和核燃料加工业	12	6 055.1	2 774.5	
化学原料和化学制品制造业	375	102 014.7	1 669 504.3	250 302.5
医药制造业	504	61 508.2	762 093.5	610.9
化学纤维制造业	3	844.7	9 629.6	
橡胶和塑料制品业	223	39 241.2	418 699.2	75 337.6
非金属矿物制品业	423	57 764.5	187 784.1	
黑色金属冶炼和压延加工业	122	49 637.5	136 889.0	63.0
有色金属冶炼和压延加工业	104	42 497.6	1 341 383.5	22 888.7
金属制品业	225	27 934.4	254 344.7	26 617.0
通用设备制造业	254	36 464.1	257 022.1	9 587.1
专用设备制造业	181	21 394.7	185 644.2	10 330.0
汽车制造业	80	21 835.8	708 267.1	3 283.0
铁路、船舶、航空航天和其他运输设备制造业	519	235 856.8	913 818.6	7 863.3
电气机械和器材制造业	348	65 633.4	609 496.3	1 183.2
计算机、通信和其他电子设备制造业	619	81 158.0	885 341.9	48 816.6
仪器仪表制造业	97	10 258.6	44 441.1	4 934.2
其他制造业	50	21 273.3	69 739.8	13 682.7
废弃资源综合利用业	13	1 048.2	6 143.9	
金属制品、机械和设备修理业	15	1 529.2	6 736.9	
电力、热力、燃气及水生产和供应业	177	31 128.9	18 982.1	156.9
电力、热力生产和供应业	160	28 867.2	4 871.7	
燃气生产和供应业	8	484.9	19.7	
水的生产和供应业	9	1 776.8	14 090.7	156.9

3-8 政府相关政策落实情况

单位:万元

分　布	使用来自政府部门的研发资金	研究开发费用加计扣除减免税	高新技术企业减免税
总　计	533 457.9	73 790.2	60 673.9
按地区			
贵阳市	244 068.2	31 265.5	37 403.0
六盘水市	29 964.1	2 477.0	820.8
遵义市	86 751.6	16 537.3	4 097.5
安顺市	32 328.6	4 116.2	2 271.7
毕节市	23 159.6	3 142.1	1 960.0
铜仁市	39 035.0	4 640.2	3 486.5
黔西南布依族苗族自治州	24 112.8	5 282.7	7 169.1
黔东南苗族侗族自治州	23 456.6	2 598.4	695.9
黔南布依族苗族自治州	30 581.4	3 730.8	2 769.4
按企业规模			
大型	176 826.4	26 553.0	28 425.3
中型	188 389.6	24 677.8	19 288.8
小型	160 295.9	21 396.1	12 820.1
微型	7 946.0	1 163.3	139.7
按登记注册类型			
内资企业	514 627.9	71 202.4	54 820.1
国有企业	23 806.2	2 863.9	6 356.3
集体企业			
股份合作企业			
有限责任公司	267 311.5	34 531.3	23 944.7
国有独资公司	55 298.1	6 457.5	6 603.6
其他有限责任公司	212 013.4	28 073.8	17 341.1
股份有限公司	82 424.8	17 444.2	15 619.7
私营企业	141 085.4	16 363.0	8 899.4

续 3-8

分　布	使用来自政府部门的研发资金	研究开发费用加计扣除减免税	高新技术企业减免税
私营独资企业	42.4	19.8	
私营合伙企业	70.0		
私营有限责任公司	118 678.8	14 051.8	6 855.2
私营股份有限公司	22 294.2	2 291.4	2 044.2
港、澳、台商投资企业	7 642.7	1 514.1	220.1
合资经营企业（港或澳、台资）	7 082.6	1 499.1	220.1
港、澳、台商独资经营企业	560.1	15.0	
外商投资企业	11 187.3	1 073.7	5 633.7
中外合资经营企业	1 626.2	219.8	
中外合作经营企业	4 235.4	476.5	4 779.0
外资企业	4 876.6	377.4	854.7
外商投资股份有限公司	449.1		
按国民经济行业			
采矿业	36 002.5	2 244.7	827.3
煤炭开采和洗选业	35 165.4	2 182.0	
黑色金属矿采选业			
有色金属矿采选业			
非金属矿采选业	837.1	62.7	827.3
制造业	490 330.1	70 667.5	59 846.6
农副食品加工业	8 192.0	934.6	197.7
食品制造业	3 473.8	791.7	
酒、饮料和精制茶制造业	10 317.9	2 874.1	
烟草制品业			
纺织业	360.7	270.5	
纺织服装、服饰业	1 231.0	336.7	
皮革、毛皮、羽毛及其制品和制鞋业	906.5	102.0	
木材加工和木、竹、藤、棕、草制品业	43.5	2.4	

续 3-8

分 布	使用来自政府部门的研发资金	研究开发费用加计扣除减免税	高新技术企业减免税
家具制造业	2 039.5	360.9	97.2
造纸和纸制品业	11 033.1	1 247.4	498.6
印刷和记录媒介复制业	5 327.4	518.4	1 323.6
文教、工美、体育和娱乐用品制造业	283.6		
石油加工、炼焦和核燃料加工业			
化学原料和化学制品制造业	52 361.2	6 422.8	7 815.3
医药制造业	42 965.5	4 677.4	3 245.4
化学纤维制造业			
橡胶和塑料制品业	22 205.3	3 020.0	5 015.7
非金属矿物制品业	32 428.4	5 086.5	2 129.8
黑色金属冶炼和压延加工业	20 531.6	2 020.5	2 906.4
有色金属冶炼和压延加工业	41 766.3	9 728.6	7 181.4
金属制品业	10 876.4	1 724.0	774.1
通用设备制造业	14 570.3	2 604.0	1 328.5
专用设备制造业	19 774.5	1 426.3	473.2
汽车制造业	24 506.1	3 165.0	3 324.3
铁路、船舶、航空航天和其他运输设备制造业	59 934.8	8 717.4	4 083.3
电气机械和器材制造业	40 361.6	5 663.8	2 205.6
计算机、通信和其他电子设备制造业	51 453.7	7 121.3	15 262.6
仪器仪表制造业	4 534.9	707.2	629.5
其他制造业	6 759.5	961.3	769.5
废弃资源综合利用业	1 237.2	54.6	3.3
金属制品、机械和设备修理业	853.8	128.1	581.6
电力、热力、燃气及水生产和供应业	7 125.3	878.0	
电力、热力生产和供应业	6 978.6	841.3	
燃气生产和供应业			
水的生产和供应业	146.7	36.7	

3-9 技术获取和技术改造情况

单位：万元

分　布	引进境外技术经费支出	购买境内技术经费支出	技术改造经费支出
总　计	3 968.1	11 597.6	908 262.9
按地区			
贵阳市	3 764.2	8 657.9	181 651.9
六盘水市		99.8	49 489.9
遵义市	188.9	1 657.0	524 153.4
安顺市	15.0	757.4	31 691.1
毕节市		3.9	4 071.1
铜仁市		170.4	1 316.5
黔西南布依族苗族自治州		251.2	54 196.9
黔东南苗族侗族自治州			193.4
黔南布依族苗族自治州			61 498.7
按企业规模			
大型	3 764.2	7 498.4	757 067.5
中型		2 055.0	101 814.9
小型	203.9	1 826.6	38 864.7
微型		217.6	10 515.8
按登记注册类型			
内资企业	3 968.1	11 597.6	888 106.4
国有企业		358.0	19 729.0
集体企业			
股份合作企业			
有限责任公司	3 228.9	10 122.5	247 988.0
国有独资公司		4 044.8	61 110.4
其他有限责任公司	3 228.9	6 077.7	186 877.6
股份有限公司	724.2	214.1	576 644.9
私营企业	15.0	903.0	43 744.5

续 3-9

分 布	引进境外技术经费支出	购买境内技术经费支出	技术改造经费支出
私营独资企业		35.2	1 112.4
私营合伙企业		56.0	1 016.0
私营有限责任公司	15.0	811.8	39 896.8
私营股份有限公司			1 719.3
港、澳、台商投资企业			19 330.1
合资经营企业（港或澳、台资）			19 330.1
港、澳、台商独资经营企业			
外商投资企业			826.4
中外合资经营企业			
中外合作经营企业			757.3
外资企业			69.1
外商投资股份有限公司			
按国民经济行业			
采矿业		84.3	30 541.0
煤炭开采和洗选业		84.3	30 240.0
黑色金属矿采选业			
有色金属矿采选业			
非金属矿采选业			301.0
制造业	3 968.1	11 513.3	830 344.7
农副食品加工业	15.0	165.0	459.0
食品制造业		763.4	1 790.0
酒、饮料和精制茶制造业		159.6	479 147.7
烟草制品业		3 738.0	22 578.6
纺织业			
纺织服装、服饰业			
皮革、毛皮、羽毛及其制品和制鞋业			1 625.0
木材加工和木、竹、藤、棕、草制品业			

续 3-9

分 布	引进境外技术经费支出	购买境内技术经费支出	技术改造经费支出
家具制造业			722.1
造纸和纸制品业			20 016.1
印刷和记录媒介复制业			444.9
文教、工美、体育和娱乐用品制造业			10.0
石油加工、炼焦和核燃料加工业			3 072.5
化学原料和化学制品制造业		930.7	67 584.8
医药制造业		41.0	5 616.3
化学纤维制造业			
橡胶和塑料制品业			42 671.2
非金属矿物制品业		69.9	5 038.5
黑色金属冶炼和压延加工业			31 298.1
有色金属冶炼和压延加工业		35.0	12 779.1
金属制品业			4 299.1
通用设备制造业	3 040.0	3 783.0	8 212.2
专用设备制造业		102.2	509.3
汽车制造业			9 148.9
铁路、船舶、航空航天和其他运输设备制造业	188.9	128.0	81 225.4
电气机械和器材制造业		1 597.5	2 341.3
计算机、通信和其他电子设备制造业	724.2		19 930.9
仪器仪表制造业			46.0
其他制造业			9 727.7
废弃资源综合利用业			50.0
金属制品、机械和设备修理业			
电力、热力、燃气及水生产和供应业			47 377.2
电力、热力生产和供应业			46 761.8
燃气生产和供应业			
水的生产和供应业			615.4

四 高等院校

四 高等院校

4-1 理工农医类 R&D 人员

分 布	单位数/个	#有R&D活动的单位	R&D人员/人	#女性	#研究人员	#全时人员	非全时人员	#博士
总 计	62	51	6 924	2 496	6 379	5 617	1 307	2 125
按地区								
贵阳市	32	24	4 419	1 826	4 180	3 610	809	1 700
六盘水市	3	2	96	41	86	76	20	16
遵义市	7	7	1 496	363	1 293	1 201	295	213
安顺市	2	2	131	31	94	105	26	25
毕节市	5	4	150	33	144	120	30	29
铜仁市	3	3	192	65	187	153	39	49
黔西南布依族苗族自治州	2	2	103	34	83	82	21	11
黔东南苗族侗族自治州	3	3	159	46	138	127	32	25
黔南布依族苗族自治州	5	4	178	57	174	143	35	57
按隶属关系								
中 央								
地 方	62	51	6 924	2 496	6 379	5 617	1 307	2 125

分 布	硕士	本科	其他	R&D人员折合全时当量/人年	#研究人员	#基础研究	应用研究	试验发展
总 计	2 755	1 781	263	4 746	4 384	2 687	1 738	321
按地区								
贵阳市	1 773	897	49	3 072	2 913	1 637	1 170	264
六盘水市	43	37		64	57	18	39	8
遵义市	531	550	202	1 004	868	729	254	21
安顺市	74	32		87	62	46	29	12
毕节市	71	49	1	100	96	21	79	
铜仁市	71	72		128	125	51	61	16
黔西南布依族苗族自治州	40	43	9	68	55	46	22	
黔东南苗族侗族自治州	71	61	2	105	92	68	37	
黔南布依族苗族自治州	81	40		119	116	71	47	1
按隶属关系								
中 央								
地 方	2 755	1 781	263	4 746	4 384	2 687	1 738	321

4－2　理工农医类 R&D 经费

单位:万元

分　布	R&D 经费内部支出	#基础研究支出	应用研究支出	试验发展支出	#日常性支出	#人员劳务费	资产性支出	#仪器和设备	#政府资金
总　计	157 250.4	74 800.8	62 837.5	19 612.1	102 279.3	31 481.1	54 971.1	36 492.6	105 967.3
按地区									
贵阳市	103 051.5	45 467.5	41 797.9	15 786.1	69 997.6	20 363.1	33 053.9	23 984.3	68 857.9
六盘水市	4 135.9	1 398.8	2 358.9	378.2	1 579.5	449.8	2 556.4	2 224.9	2 481.8
遵义市	29 719.3	18 258.3	8 910.6	2 550.4	19 392.5	5 688.1	10 326.8	5 647.4	23 448.0
安顺市	3 112.6	1 053.0	1 634.6	425.0	2 050.6	1 234.9	1 062.0	311.6	1 563.2
毕节市	3 343.0	590.8	2 752.2		1 537.1	641.7	1 805.9	1 350.0	3 106.6
铜仁市	5 692.0	2 147.9	3 115.6	428.5	2 501.4	1 304.2	3 190.6	710.9	2 393.2
黔西南布依族苗族自治州	1 060.6	734.5	326.1		778.5	285.1	282.1	282.1	204.5
黔东南苗族侗族自治州	3 116.3	2 245.5	870.8		2 394.6	702.0	721.7	658.3	1 264.7
黔南布依族苗族自治州	4 019.2	2 904.5	1 070.8	43.9	2 047.5	812.2	1 971.7	1 323.1	2 647.4
按隶属关系									
中　央									
地　方	157 250.4	74 800.8	62 837.5	19 612.1	102 279.3	31 481.1	54 971.1	36 492.6	105 967.3

分　布	企业资金	国外资金	其他资金	R&D 经费外部支出	#对国内研究机构支出	对国内高等学校支出	对国内企业支出	对境外机构支出
总　计	27 451.9		23 831.2	4 041.3	891.0	1 132.6	953.6	1 064.1
按地区								
贵阳市	18 996.5		15 197.1	3 944.5	884.5	1 042.4	953.6	1 064.0
六盘水市	264.8		1 389.3					
遵义市	3 278.7		2 992.6	90.2	6.5	83.6		0.1
安顺市	1 215.7		333.7	5.6		5.6		
毕节市	172.5		63.9	1.0		1.0		
铜仁市	2 826.7		472.1					
黔西南布依族苗族自治州	1.9		854.2					
黔东南苗族侗族自治州	353.2		1 498.4					
黔南布依族苗族自治州	341.9		1 029.9					
按隶属关系								
中　央								
地　方	27 451.9		23 831.2	4 041.3	891.0	1 132.6	953.6	1 064.1

4-3 理工农医类 R&D 活动产出

分布	专利申请数/件	#发明专利	专利授权数/件	#发明专利	有效发明专利数/件	专利所有权转让及许可数/件	专利所有权转让及许可收入/万元
总　计	4 110	1 033	4 411	676	2 512	36	1 098.2
按地区							
贵阳市	2 318	784	2 426	472	1 914	23	1 068.5
六盘水市	198	28	263	17	35		
遵义市	735	139	683	93	302	5	4.9
安顺市	56	5	56	4	64	4	1.8
毕节市	175	36	157	32	45		
铜仁市	291	21	418	43	112	3	23.0
黔西南布依族苗族自治州	31	1	31	1	6	1	
黔东南苗族侗族自治州	165	6	239	4	7		
黔南布依族苗族自治州	141	13	138	10	27		
按隶属关系							
中　央							
地　方	4 110	1 033	4 411	676	2 512	36	1 098.2

分布	集成电路布图设计登记数/件	植物新品种权授予数/项	形成国家或行业标准数/项	发表科技论文/篇	#国外发表	出版科技著作/种
总　计	13	3	7	14 865	4 229	354
按地区						
贵阳市		2	7	10 756	3 366	219
六盘水市	4			349	141	9
遵义市				1 788	473	51
安顺市				312	64	41
毕节市				223	36	2
铜仁市				400	59	8
黔西南布依族苗族自治州				153	19	7
黔东南苗族侗族自治州				448	29	8
黔南布依族苗族自治州	9	1		436	42	9
按隶属关系						
中　央						
地　方	13	3	7	14 865	4 229	354

4-4 理工农医类 R&D 项目(课题)

分布	R&D项目(课题)数/项	R&D项目(课题)参加人员折合全时当量/人年	#研究人员	R&D项目(课题)经费内部支出/万元
总 计	13 267	4 746	4 384	70 861.1
按地区				
贵阳市	8 530	3 072	2 913	55 507.1
六盘水市	129	64	57	662.8
遵义市	2 801	1 004	868	8 022.6
安顺市	238	87	62	1 041.6
毕节市	213	100	96	693.9
铜仁市	461	128	125	986.9
黔西南布依族苗族自治州	174	68	55	1 039.1
黔东南苗族侗族自治州	319	105	92	1 627.9
黔南布依族苗族自治州	402	119	116	1 279.2

4-5 理工农医类研究机构

分布	机构数/个	R&D人员/人	#博士	硕士	R&D经费支出/万元	科研用仪器设备原价/万元	#进口
总 计	222	1 272	556	344	24 346.7	137 023.3	69 894.7
按地区							
贵阳市	170	1 081	508	287	22 898.0	119 216.2	65 615.8
六盘水市	1	7	4	1	28.0	2 423.0	
遵义市	19	98	34	25	1 015.9	6 644.0	2 857.6
安顺市	4	2			11.9	499.8	
毕节市	9	26	5	10	207.5	3 101.6	
铜仁市	2	8	2	2	52.0	1 164.4	369.7
黔西南布依族苗族自治州	8	7			38.0	2 697.0	283.6
黔东南苗族侗族自治州	4	9		3	67.9	1 150.0	768.0
黔南布依族苗族自治州	5	34	3	16	27.5	127.3	

4-6 人文、社会科学类 R&D 人员

分布	单位数/个	#有R&D活动单位	R&D人员/人	#女性	#研究人员	#全时人员	非全时人员	#博士
总 计	68	58	13 506	6 485	10 926	12	13 494	3 177
按地区								
贵阳市	33	29	9 294	4 288	7 199	12	9 282	2 620
六盘水市	3	3	218	122	199		218	9
遵义市	7	6	798	444	637		798	153
安顺市	2	2	385	217	336		385	16
毕节市	6	5	308	153	280		308	28
铜仁市	4	4	715	324	646		715	120
黔西南布依族苗族自治州	2	2	274	162	249		274	44
黔东南苗族侗族自治州	3	3	646	314	611		646	83
黔南布依族苗族自治州	8	4	868	461	769		868	104
按隶属关系								
中 央								
地 方	68	58	13 506	6 485	10 926	12	13 494	3 177

分布	硕士	本科	其他	R&D人员折合全时当量/人年	#研究人员	#基础研究	应用研究	试验发展
总 计	6 341	3 796	192	2 563.6	2 074.3	1 183.8	1 379.5	0.3
按地区								
贵阳市	3 935	2 657	82	1 826.2	1 426.5	843.3	982.7	0.2
六盘水市	152	53	4	50.0	44.2	23.1	26.9	
遵义市	440	183	22	128.8	95.5	59.5	69.3	
安顺市	255	113	1	68.5	59.8	31.6	36.9	
毕节市	182	93	5	91.4	84.3	42.2	49.2	
铜仁市	350	223	22	120.3	108.4	55.6	64.7	
黔西南布依族苗族自治州	187	42	1	53.1	48.9	24.5	28.6	
黔东南苗族侗族自治州	383	178	2	93.2	88.8	43.0	50.2	
黔南布依族苗族自治州	457	254	53	132.1	117.9	61.0	71.1	
按隶属关系								
中 央								
地 方	6 341	3 796	192	2 563.6	2 074.3	1 183.8	1 379.5	0.3

4－7 人文、社会科学类 R&D 经费

单位:万元

分布	R&D 经费内部支出	#基础研究支出	应用研究支出	试验发展支出	#日常性支出	#人员劳务费	资产性支出	#仪器和设备	#政府资金
总计	46 201.65	17 025.78	29 175.87		45 133.28	16 744.62	1 068.37	1 068.37	25 362.99
按地区									
贵阳市	28 927.83	8 180.21	20 747.62		28 123.28	11 571.83	804.55	804.55	17 963.59
六盘水市	540.31	186.68	353.63		539.81	218.24	0.50	0.50	311.20
遵义市	2 789.46	2 264.26	525.21		2 781.52	920.12	7.94	7.94	1 430.96
安顺市	1 787.01	365.09	1 421.92		1 734.58	441.10	52.43	52.43	1 081.52
毕节市	681.45	467.54	213.91		679.42	561.14	2.03	2.03	627.61
铜仁市	4 249.19	2 222.46	2 026.74		4 226.01	1 257.25	23.18	23.18	1 528.77
黔西南布依族苗族自治州	1 259.19	1 244.62	14.57		1 237.04	292.00	22.15	22.15	469.85
黔东南苗族侗族自治州	1 848.05	1 643.39	204.66		1 818.05	557.18	30.00	30.00	765.81
黔南布依族苗族自治州	4 119.16	451.53	3 667.63		3 993.56	925.77	125.60	125.60	1 183.68
按隶属关系									
中央									
地方	46 201.65	17 025.78	29 175.87		45 133.28	16 744.62	1 068.37	1 068.37	25 362.99

分布	企业资金	国外资金	其他资金	R&D 经费外部支出	#对国内研究机构支出	对国内高等学校支出	对国内企业支出	对境外机构支出
总计	14 337.08		6 501.58	29.98	2.19	16.84	5.00	
按地区								
贵阳市	9 363.92		1 600.32	24.98	2.19	16.84		
六盘水市	229.11							
遵义市	483.66		874.85					
安顺市	419.51		285.98	5.00			5.00	
毕节市	5.91		47.92					
铜仁市	1 352.72		1 367.70					
黔西南布依族苗族自治州	426.48		362.87					
黔东南苗族侗族自治州	34.49		1 047.75					
黔南布依族苗族自治州	2 021.28		914.19					
按隶属关系								
中央								
地方	14 337.08		6 501.58	29.98	2.19	16.84	5.00	

4-8 人文、社会科学类 R&D 活动产出

分 布	专利申请数/件	#发明专利	专利授权数/件	#发明专利	有效发明专利数/件	专利所有权转让及许可数/件
总 计	190	3	40	179	1	2
按地区						
贵阳市	86	2	39	72		
六盘水市						
遵义市	2			9		
安顺市						2
毕节市	25	1	1	23	1	
铜仁市						
黔西南布依族苗族自治州						
黔东南苗族侗族自治州	25			23		
黔南布依族苗族自治州	52			52		
按隶属关系						
中 央						
地 方	190	3	40	179	1	2

分 布	专利所有权转让及许可收入/万元	集成电路布图设计登记数/件	植物新品种权授予数/项	形成国家或行业标准数/项	发表科技论文/篇	#国外发表/篇	出版科技著作/种
总 计	1.3				6 781		441
按地区							
贵阳市					3 695		251
六盘水市					300		7
遵义市					639		39
安顺市	1.3				166		8
毕节市					212		5
铜仁市					348		32
黔西南布依族苗族自治州					252		24
黔东南苗族侗族自治州					496		34
黔南布依族苗族自治州					673		41
按隶属关系							
中 央							
地 方	1.3				6 781		441

4-9　人文、社会科学类 R&D 项目(课题)

分　布	项目(课题)数/项	项目(课题)参加人员折合全时当量/人年	项目(课题)经费内部支出/万元
总　计	10 081	2 563.0	16 775.37
按地区			
贵阳市	6 163	1 825.6	10 118.14
六盘水市	186	50.0	224.39
遵义市	852	128.8	1 066.27
安顺市	171	68.5	429.19
毕节市	273	91.4	82.05
铜仁市	851	120.3	1 883.46
黔西南布依族苗族自治州	332	53.1	868.72
黔东南苗族侗族自治州	384	93.2	839.76
黔南布依族苗族自治州	869	132.1	1 263.39

4-10　人文、社会科学类研究机构

分　布	机构数/个	R&D 人员/人	#博士	硕士	R&D 经费支出/万元	科研用仪器设备原价/万元
总　计	73	1 102	523	389	1 678.32	702.80
按地区						
贵阳市	44	648	388	155	1 370.56	470.98
六盘水市						
遵义市	5	107	44	54	64.05	34.48
安顺市	4	108	50	58	88.46	168.85
毕节市	3	28	1	15	12.25	
铜仁市	11	136	21	85	68.00	7.00
黔西南布依族苗族自治州						
黔东南苗族侗族自治州	2	50	12	10	15.00	5.50
黔南布依族苗族自治州	4	25	7	12	61.00	16.00

五、高技术产业

5－1　基本情况

分　布	企业数	#有 R&D 活动	#有研发机构
总　计	387	212	95
按地区			
贵阳市	129	77	39
六盘水市	10	6	4
遵义市	49	27	14
安顺市	57	29	19
毕节市	27	5	1
铜仁市	29	13	3
黔西南布依族苗族自治州	23	12	5
黔东南苗族侗族自治州	25	18	7
黔南布依族苗族自治州	38	25	3
按国民经济行业			
#医药制造业	141	88	36
电子及通信设备制造业	168	71	27
计算机及办公设备制造业	8	2	
医疗仪器设备及仪器仪表制造业	29	15	5
信息化学品制造业	1	1	1
按登记注册类型			
内资企业	372	205	92
#国有及国有控股企业	55	45	30
#国有企业	9	7	4
港、澳、台商投资企业	6	4	
外商投资企业	9	3	3
按企业规模			
#大中型企业	68	57	36

5-2 R&D 人员

分布	R&D 人员/人	#全时人员	#研究人员	R&D 人员折合全时当量/人年
总计	10 636	7 467	4 125	7 251.2
按地区				
贵阳市	5 406	3 899	2 150	3 758.1
六盘水市	59	39	16	31.2
遵义市	1 430	994	591	1 093.1
安顺市	2 470	1 653	992	1 533.7
毕节市	36	19	9	22.0
铜仁市	320	266	73	224.2
黔西南布依族苗族自治州	263	206	108	138.4
黔东南苗族侗族自治州	324	134	98	214.0
黔南布依族苗族自治州	328	257	88	236.6
按国民经济行业				
#医药制造业	2 421	1 710	881	1 568.3
电子及通信设备制造业	2 354	1 605	745	1 385.5
计算机及办公设备制造业	21	13	8	9.9
医疗仪器设备及仪器仪表制造业	297	236	114	236.2
信息化学品制造业	9	1	2	8.0
按登记注册类型				
内资企业	10 498	7 363	4 065	7 149.8
#国有及国有控股企业	6 649	4 665	2 841	4 687.0
#国有企业	860	502	354	530.8
港、澳、台商投资企业	43	19	13	25.9
外商投资企业	95	85	47	75.5
按企业规模				
#大中型企业	8 406	5 902	3 425	5 825.2

5-3 R&D 经费

单位:万元

分　布	R&D经费内部支出	按用途分		按来源分		R&D经费外部支出
		#人员劳务费	仪器和设备	#政府资金	企业资金	
总　计	363 195.2	88 321.2	24 880.0	102 185.8	257 038.9	13 165.3
按地区						
贵阳市	241 592.5	54 427.5	18 481.9	96 162.7	145 429.8	7 074.2
六盘水市	1 396.4	306.2	247.3	76.0	1 320.4	14.7
遵义市	29 341.8	9 403.5	2 470.5	2 045.7	27 296.1	599.1
安顺市	53 415.1	14 136.2	3 447.1	3 807.4	45 637.2	5 124.7
毕节市	784.6	165.2	116.1		784.6	
铜仁市	9 949.2	3 822.5	3.6	5.0	9 944.2	1.4
黔西南布依族苗族自治州	12 288.0	2 170.9	20.6	51.0	12 237.0	3.3
黔东南苗族侗族自治州	5 657.2	1 906.4	92.9	38.0	5 619.2	115.0
黔南布依族苗族自治州	8 770.4	1 982.8			8 770.4	232.9
按国民经济行业						
#医药制造业	61 420.9	15 596.4	1 920.9	1 313.3	60 107.6	6 080.1
电子及通信设备制造业	66 554.6	19 711.7	1 426.2	5 444.1	60 985.9	2 854.9
计算机及办公设备制造业	296.9	167.5			296.9	
医疗仪器设备及仪器仪表制造业	6 098.3	3 777.4	105.0	138.0	5 960.3	184.8
信息化学品制造业	284.3	97.2			284.3	
按登记注册类型						
内资企业	358 817.6	87 163.6	24 625.0	101 920.5	252 926.6	12 599.0
#国有及国有控股企业	266 548.9	59 635.8	22 605.0	100 554.2	162 148.8	6 195.7
#国有企业	20 391.0	7 207.9	892.5	1 147.3	19 243.7	165.2
港、澳、台商投资企业	959.9	282.1	75.0	168.0	791.9	
外商投资企业	3 417.7	875.5	180.0	97.3	3 320.4	566.3
按企业规模						
#大中型企业	321 023.6	74 163.9	24 162.1	101 226.0	215 951.7	10 472.7

5-4 R&D 项目

分 布	R&D 项目数/个	R&D 项目经费/万元
总　计	1 467	355 032.5
按地区		
贵阳市	726	226 908.9
六盘水市	11	1 087.0
遵义市	125	28 412.3
安顺市	351	60 536.7
毕节市	7	584.8
铜仁市	34	10 140.9
黔西南布依族苗族自治州	28	10 877.1
黔东南苗族侗族自治州	91	6 265.5
黔南布依族苗族自治州	94	10 219.3
按国民经济行业		
#医药制造业	495	66 636.2
电子及通信设备制造业	399	70 336.8
计算机及办公设备制造业	8	301.5
医疗仪器设备及仪器仪表制造业	60	4 288.2
信息化学品制造业	1	351.4
按登记注册类型		
内资企业	1 439	346 199.1
#国有及国有控股企业	692	248 081.9
#国有企业	106	20 359.3
港、澳、台商投资企业	12	4 911.9
外商投资企业	16	3 921.5
按企业规模		
#大中型企业	887	305 276.9

5-5 企业办研发机构

分布	机构数/个	机构人员/人	机构经费支出/万元	机构仪器设备/万元
总　计	105	6 519	274 567.9	314 314.6
按地区				
贵阳市	44	3 143	184 093.4	94 301.7
六盘水市	4	36	680.0	372.4
遵义市	14	1 123	24 520.0	55 845.5
安顺市	23	1 981	53 361.1	158 580.4
毕节市	1		627.8	76.8
铜仁市	3	21	3 610.0	1 174.0
黔西南布依族苗族自治州	6	84	3 815.9	291.6
黔东南苗族侗族自治州	7	98	2 323.3	1 652.5
黔南布依族苗族自治州	3	33	1 536.4	2 019.7
按国民经济行业				
#医药制造业	44	1 295	52 518.9	17 456.5
电子及通信设备制造业	29	836	33 870.2	29 318.7
计算机及办公设备制造业				
医疗仪器设备及仪器仪表制造业	5	179	5 443.9	4 540.8
信息化学品制造业	1	8	24.0	26.3
按登记注册类型				
内资企业	100	6 423	270 083.4	312 996.0
#国有及国有控股企业	32	4 613	201 247.2	285 343.0
#国有企业	4	419	13 634.1	14 379.2
港、澳、台商投资企业				
外商投资企业	5	96	4 484.5	1 318.6
按企业规模				
#大中型企业	44	5 509	250 626.1	294 948.4

5-6 专 利

单位:件

分 布	专利申请数	发明专利	有效发明专利
总 计	2 085	1 061	3 094
按地区			
贵阳市	1 043	569	1 948
六盘水市	11	6	21
遵义市	334	160	345
安顺市	427	213	437
毕节市	59	22	27
铜仁市	56	32	40
黔西南布依族苗族自治州	25	6	46
黔东南苗族侗族自治州	69	33	132
黔南布依族苗族自治州	61	20	98
按国民经济行业			
#医药制造业	270	123	911
电子及通信设备制造业	526	211	540
计算机及办公设备制造业	9	2	11
医疗仪器设备及仪器仪表制造业	154	41	217
信息化学品制造业			
按登记注册类型			
内资企业	2 045	1 053	3 019
#国有及国有控股企业	1 351	816	1 780
#国有企业	213	99	304
港、澳、台商投资企业	27		4
外商投资企业	13	8	71
按企业规模			
#大中型企业	1 407	840	2 207

5-7 新产品开发及销售

分布	新产品开发项目数/项	新产品开发经费/万元	新产品销售收入/万元	出口/万元
总 计	1 694	377 626.2	2 500 627.1	60 663.0
按地区				
贵阳市	889	252 211.3	1 486 778.0	33 087.8
六盘水市	10	1 467.9	6 942.1	
遵义市	139	31 323.0	195 037.3	17 032.4
安顺市	357	54 188.1	561 742.4	5 743.7
毕节市	18	2 122.7	25 685.3	
铜仁市	47	10 111.3	46 572.7	4 053.5
黔西南布依族苗族自治州	23	11 742.0	30 760.5	561.1
黔东南苗族侗族自治州	120	5 808.4	38 654.0	184.5
黔南布依族苗族自治州	91	8 651.5	108 454.8	
按国民经济行业				
#医药制造业	504	61 508.2	762 093.5	610.9
电子及通信设备制造业	540	71 722.8	835 462.3	48 816.8
计算机及办公设备制造业	10	1 971.9	29 976.2	
医疗仪器设备及仪器仪表制造业	134	11 466.0	46 278.5	4 934.2
信息化学品制造业			969.0	
按登记注册类型				
内资企业	1 658	371 254.5	2 489 069.6	60 016.3
#国有及国有控股企业	810	275 308.9	1 357 530.2	27 727.4
#国有企业	164	22 602.3	126 456.6	61.6
港、澳、台商投资企业	11	898.2	7 672.7	646.7
外商投资企业	25	5 473.5	3 884.8	
按企业规模				
#大中型企业	986	322 908.8	2 160 174.7	42 446.6

5-8 技术获取和技术改造

单位:万元

分布	技术改造经费支出/万元	购买境内技术经费支出/万元	引进境外技术经费支出/万元
总　计	93 570.2	203.4	188.9
按地区			
贵阳市	61 105.4		
六盘水市	822.1		
遵义市	2 608.9		188.9
安顺市	28 713.5	6.0	
毕节市	91.8		
铜仁市		35.4	
黔西南布依族苗族自治州	215.5	162.0	
黔东南苗族侗族自治州			
黔南布依族苗族自治州	13.0		
按国民经济行业			
#医药制造业	5 616.3	41.0	
电子及通信设备制造业	10 392.2	0.4	
计算机及办公设备制造业			
医疗仪器设备及仪器仪表制造业	46.0		
信息化学品制造业	162.0	162.0	
按登记注册类型			
内资企业	93 570.2	203.4	188.9
#国有及国有控股企业	86 581.2		
#国有企业	8 380.6		
港、澳、台商投资企业			
外商投资企业			
按企业规模			
#大中型企业	91 291.9		

六 高新技术企业

六 高新技术企业

6-1 历年基本情况(2017—2021)

项　目	2017年	2018年	2019年	2020年	2021年
统计企业数/个	688	1 163	1 620	1 838	1 800
区内	396	523	541	621	645
区外	292	640	1 079	1 217	1 155
年末从业人员/人	173 779	201 496	216 067	217 175	221 772
#当年新增从业人员	20 571	23 769	23 918	24 463	24 213
资产总计/万元	28 675 542	35 090 804	41 492 262	47 686 437	51 099 934
负债合计/万元	16 273 338	21 482 074	25 674 501	30 273 417	31 833 224
工业总产值/万元	14 077 645	15 253 705	16 010 190	16 935 415	20 309 249
新产品产值/万元	5 362 930	8 710 296	8 431 455	6 296 500	7 165 465
营业收入/万元	16 324 419	22 205 797	24 365 772	25 860 274	28 833 786
#技术收入	10 374 580	2 171 765	2 166 923	3 293 523	2 882 730
产品销售收入	143 240 767	19 226 939	20 992 537	21 247 759	24 285 361
商品销售收入	1 341 504	200 365	505 937	399 123	781 443
净利润/万元	859 162	1 047 145	681 894	1 178 623	1 533 769
上缴税额/万元	740 584	934 943	834 887	896 648	1 030 046
当年专利申请受理数/件	4 774	6 141	6 820	7 523	7 700
#申请发明专利	2 447	3 046	3 215	3 388	3 345
期末拥有有效专利数/件	16 200	20 873	25 610	28 577	32 695
#发明专利	4 969	6 210	6 845	7 384	7 887
当年形成标准/项	106	65	68	85	111
发表科技论文/篇	1 163	1 742	1 902	2 606	1 934
境内研发机构数/个	331	548	661	661	696

6-2 当年基本情况

分布	统计数/个	区内	区外	年末从业人员/人	营业收入/千元	工业总产值/千元	新产品产值/千元
总计	1 800	645	1 155	221 772	288 337 866	203 092 493	71 654 648
按地区							
贵阳市	1 185	573	612	134 554	187 808 262	106 286 780	38 036 186
六盘水市	45		45	5 148	9 324 100	9 474 183	829 333
遵义市	221		221	31 843	38 743 801	32 293 130	15 550 651
安顺市	81	72	9	18 366	13 655 353	16 241 251	4 993 042
毕节市	40		40	3 346	3 450 101	4 107 179	183 857
铜仁市	38		38	7 328	14 144 744	14 085 095	6 498 628
黔西南布依族苗族自治州	29		29	3 444	3 539 594	4 265 989	1 461 437
黔东南苗族侗族自治州	50		50	6 210	3 955 612	3 547 097	224 952
黔南布依族苗族自治州	111		111	11 533	13 716 300	12 791 789	3 876 562
按隶属关系							
中央	91	52	39	74 950	103 761 093	57 161 090	21 003 700
地方	626	159	467	69 705	108 571 390	79 972 384	27 651 577
其他	1 083	434	649	77 117	76 005 383	65 959 019	22 999 372
按登记注册类型							
内资企业	1 784	638	1 146	218 208	283 122 396	198 107 126	70 186 505
国有企业	73	31	42	53 106	90 162 068	41 212 179	17 053 269
集体企业	4		4	301	405 208	93 903	
股份合作企业	4	1	3	286	715 791	673 930	476 415
有限责任公司	799	307	492	89 736	114 732 140	86 293 880	27 510 454
股份有限公司	104	50	54	42 799	49 474 775	46 206 806	17 685 290
私营企业	797	248	549	31 766	27 586 619	23 584 580	7 457 824
其他	3	1	2	214	45 794	41 848	3 254
港、澳、台商投资企业	10	5	5	1 736	2 232 493	2 139 964	1 430 830
与港、澳、台商合资经营	6	4	2	943	664 055	676 702	519 865
港、澳、台商独资	1		1	72	199 587	251 832	6 929
港、澳、台商投资股份有限公司	3	1	2	721	1 368 851	1 211 430	904 036
外商投资企业	6	2	4	1 828	2 982 977	2 845 403	37 313
中外合资经营企业	4	2	2	699	1 599 916	1 523 916	37 313
中外合作经营企业	1		1	1 101	1 330 733	1 321 487	
外资企业	1		1	28	52 328		
按控股类型							
国有	196	95	101	120 186	185 620 537	112 015 760	37 907 344
集体	18	6	12	3 417	4 989 415	5 019 022	2 504 954
私人	1 423	488	935	83 468	83 883 679	75 345 380	28 054 453
港、澳、台商	5	1	4	2 291	3 569 221	3 045 086	910 965

六　高新技术企业

净利润/千元	上缴税费/千元	出口创汇/千元	年末资产/千元	年末负债/千元
15 337 696	10 300 464	7 273 392	510 999 336	318 332 238
9 634 929	6 944 936	4 707 547	336 035 898	209 111 377
436 775	173 450	7 396	7 885 259	5 240 574
2 329 818	1 404 652	491 501	59 575 752	37 510 112
395 057	576 575	171 247	32 369 175	21 387 699
325 300	124 814		19 328 348	13 944 908
1 007 829	216 320	898 929	23 296 269	11 667 649
620 637	277 139	15 511	5 709 724	2 958 552
−106 121	197 651	3 824	6 733 513	4 909 819
693 472	384 927	977 439	20 065 400	11 601 548
5 537 977	3 031 583	2 360 747	185 466 440	120 596 998
5 615 045	3 723 340	3 727 342	202 565 789	132 929 348
4 184 675	3 545 541	1 185 304	122 967 107	64 805 892
14 794 010	9 995 341	7 060 862	502 302 117	313 457 230
3 964 214	2 458 248	831 784	144 402 160	107 204 141
1 422	20 915		655 697	312 976
17 862	4 911		549 733	423 459
6 273 472	4 411 365	3 906 802	205 434 465	124 815 128
3 244 209	2 206 031	2 154 669	114 615 147	58 754 650
1 292 007	892 935	167 608	36 607 082	21 935 853
823	936		37 832	11 023
133 997	134 601	198 507	3 428 344	1 721 533
65 911	55 399	153	1 134 905	449 826
−124 534	108	198 354	908 408	719 890
192 619	79 094		1 385 031	551 817
409 689	170 522	14 023	5 268 875	3 153 475
−11 440	9 725	14 023	3 049 791	2 115 857
406 417	155 725		1 875 602	842 685
14 712	5 072		343 483	194 933
10 143 712	5 994 177	4 621 136	338 303 504	224 813 733
269 374	159 476	180	14 913 891	11 685 021
4 510 740	3 472 543	2 398 734	134 960 263	70 111 590
60 216	183 274	198 354	3 875 263	2 721 163

续 6-2

分 布	统计数/个	区内	区外	年末从业人员/人	营业收入/千元	工业总产值/千元	新产品产值/千元
外商	3	1	2	141	133 951	83 223	83 223
其他	155	54	101	12 269	10 141 063	7 584 022	2 193 709
按企业所属技术领域							
电子与信息	710	275	435	32 119	29 533 261	17 080 474	7 693 340
生物、医药技术	107	51	56	19 072	19 726 587	22 011 327	3 739 813
新材料	229	66	163	41 204	62 326 012	62 013 358	25 040 716
光机电一体化	209	71	138	19 353	19 420 739	21 183 618	9 584 148
新能源、高效节能	65	12	53	10 237	26 761 872	12 867 312	1 965 357
环境保护	124	30	94	8 318	7 604 163	6 444 916	760 934
航空航天	68	32	36	34 540	26 860 105	29 445 656	10 614 603
地球、空间、海洋工程	10	2	8	1 711	1 995 289	1 949 114	3 591
其他高技术	278	106	172	55 218	94 109 839	30 096 718	12 252 146
按高新技术领域							
电子信息	635	242	393	34 829	32 877 793	24 767 592	10 485 384
软件	487	191	296	11 457	8 289 811	492 689	222 398
微电子技术	25	9	16	2 702	2 268 935	3 937 518	1 144 170
计算机产品及网络应用技术	29	7	22	1 480	998 133	652 090	24 706
通讯技术	29	13	16	985	850 610	44 768	28 806
广播影视技术	9	1	8	1 659	4 075 124	3 703 506	3 700 455
新型电子元器件	24	11	13	8 892	7 724 328	8 738 365	3 011 089
信息安全技术	23	6	17	855	519 193	45 493	
智能交通和轨道交通技术	9	4	5	6 799	8 151 660	7 153 163	2 353 761
生物与新医药	107	53	54	19 748	22 374 399	23 347 008	4 919 763
医药生物技术	9	6	3	5 026	2 802 017	3 203 242	1 869 570
中药、天然药物	45	28	17	9 599	12 023 244	14 092 605	951 952
化学药研发技术	5	4	1	628	1 012 080	1 063 896	175 376
药物新剂型与制剂创新技术	7	4	3	894	792 066	878 191	364 552
医疗仪器、设备与医学专用软件	7	3	4	544	371 426	3 281	366
轻工与化工生物技术	14	7	7	1 245	1 061 647	1 125 886	438 911
农业生物技术	20	1	19	1 812	4 311 920	2 979 907	1 119 037
航空航天	52	29	23	28 162	20 384 176	23 379 313	8 223 830
航空技术	37	20	17	23 120	15 952 437	18 293 829	6 418 594
航天技术	15	9	6	5 042	4 431 738	5 085 483	1 805 236
新材料	219	66	153	35 746	59 897 586	59 822 232	21 410 029
金属材料	56	12	44	14 351	27 949 042	28 121 126	10 134 551
无机非金属材料	61	13	48	8 409	14 911 461	15 056 813	6 489 848
高分子材料	79	32	47	7 849	7 990 419	6 338 480	2 509 979

六　高新技术企业

净利润/千元	上缴税费/千元	出口创汇/千元	年末资产/千元	年末负债/千元
26 574	12 107	153	468 331	223 459
327 079	478 887	54 835	18 478 084	8 777 272
2 441 162	1 217 317	578 008	41 835 749	20 276 415
1 374 244	1 929 324	62 251	37 910 095	14 976 654
4 110 451	1 987 749	2 228 857	94 595 881	49 594 509
552 556	531 299	465 458	28 869 067	18 252 627
881 176	383 575	3 180	51 776 932	40 977 851
243 938	152 572	10 214	9 143 156	6 275 276
1 200 366	526 840	743 704	62 359 064	37 221 976
552 028	217 384	5 872	3 337 735	1 158 270
3 981 775	3 354 404	3 175 848	181 171 657	129 598 660
2 532 070	1 132 170	753 583	51 354 881	23 961 335
250 498	200 646	63 887	12 339 339	5 993 973
660 202	73 613	120 976	3 953 959	1 609 115
62 621	16 202	101 384	1 011 878	502 066
40 098	37 846		748 108	467 500
18 328	58 116	387	1 385 860	888 592
1 032 904	542 070	310 243	17 062 700	6 669 372
24 017	11 487		551 418	206 944
443 401	192 190	156 706	14 301 619	7 623 774
1 617 310	1 998 859	730 731	43 437 885	17 580 377
374 128	369 607		6 178 276	1 364 618
656 481	1 270 600	8 941	23 914 507	9 675 494
225 931	155 646		1 803 907	355 560
182 983	106 832		1 622 157	616 608
43 773	7 602		313 160	229 569
−6 903	26 758		2 346 140	1 346 933
140 917	61 812	721 790	7 259 738	3 991 595
940 477	404 597	467 422	52 017 755	31 287 589
474 760	333 540	371 414	42 563 364	26 019 549
465 717	71 057	96 008	9 454 392	5 268 040
4 129 582	1 913 487	1 314 331	90 526 619	50 052 664
1 869 043	1 073 900	410 241	36 629 550	19 816 483
835 770	291 340	801 698	26 116 651	13 551 957
404 925	287 845	41 339	13 250 133	8 089 323

续 6-2

分布	统计数/个	区内	区外	年末从业人员/人	营业收入/千元	工业总产值/千元	新产品产值/千元
生物医用材料	5	1	4	540	257 125	1 433 546	13 621
精细与专用化学品	17	8	9	4 586	8 788 310	8 870 946	2 262 030
与文化技术产业相关的新材料	1		1	11	1 228	1 321	
高技术服务	297	126	171	38 479	81 079 337	2 509 470	442 645
研发与设计服务	86	35	51	26 468	69 005 939	966 822	442 645
检验检测认证与标准服务	32	13	19	1 950	666 375	1 205	
信息技术服务	96	44	52	5 252	5 523 411	448	
高技术专业化服务	52	22	30	3 551	5 340 831	1 427 117	
知识产权与成果转化服务	7	2	5	407	171 265		
电子商务与物流服务技术	5	1	4	116	130 594		
城市管理与社会服务	13	7	6	369	131 042	367	
文化创意产业支撑技术	6	2	4	366	109 880	113 512	
新能源与节能	58	9	49	5 460	5 719 668	5 632 381	796 051
可再生清洁能源	7		7	139	38 581	66 031	31 144
新型高效能量转换与存储技术	8		8	2 974	2 864 611	2 548 466	506 629
高效节能技术	43	9	34	2 347	2 816 476	3 017 883	258 277
资源与环境	154	33	121	21 786	33 045 096	27 559 437	8 179 303
水污染控制与水资源利用技术	41	15	26	1 490	1 043 195	472 138	24 336
大气污染控制技术	6		6	230	28 951	47 469	27 674
固体废弃物处置与综合利用技术	55	5	50	5 354	7 294 802	7 037 320	808 724
环境监测及环境事故应急处置技术	15	6	9	342	92 993	1 559	
生态环境建设与保护技术	9	1	8	276	216 616	3 359	
清洁生产技术	11	2	9	4 747	5 464 846	5 439 759	1 398 693
资源勘查、高效开采与综合利用技术	17	4	13	9 347	18 903 694	14 557 833	5 919 876
先进制造与自动化	278	87	191	37 562	32 959 811	36 075 062	17 197 643
工业生产过程控制系统	17	6	11	371	280 669	161 027	47 101
安全生产技术	8	3	5	1 146	2 954 146	2 833 555	699 371
高性能、智能化仪器仪表	8	5	3	981	607 846	550 474	268 160
先进制造工艺与设备	53	17	36	3 356	1 669 712	1 877 965	621 586
新型机械	111	33	78	15 602	10 515 215	12 596 778	5 386 870
电力系统与设备	44	13	31	3 613	3 150 938	3 208 520	1 483 642
汽车及轨道车辆相关技术	22	7	15	10 494	12 363 377	13 351 421	7 671 195
传统文化产业改造技术	15	3	12	1 999	1 417 907	1 495 322	1 019 718
按人员规模							
人数≥1000	46	24	22	93 292	153 989 691	97 862 219	38 643 265

净利润/千元	上缴税费/千元	出口创汇/千元	年末资产/千元	年末负债/千元
22 481	16 936	6 570	270 367	117 032
997 615	243 467	54 483	14 254 401	8 472 604
-252			5 517	5 264
2 070 897	1 907 139	1 553 870	131 234 019	101 920 919
1 484 103	1 466 081	1 503 779	107 689 292	86 257 122
68 543	43 815		928 741	429 264
338 443	202 868	50 091	7 411 403	5 093 510
147 169	153 668		14 417 102	9 738 883
23 514	11 566		285 276	44 358
-1 999	21 843		169 376	118 052
13 036	3 787		191 588	127 614
-1 912	3 511		141 241	112 115
258 431	229 120	22 162	21 609 587	15 419 548
-3 366	642		146 480	105 120
55 965	122 954	22 162	2 840 950	2 207 154
205 832	105 524		18 622 157	13 107 273
2 473 841	1 637 262	1 913 646	61 229 124	42 431 049
80 015	52 342		2 939 677	1 916 223
-19 906	1 911	8 616	335 985	276 884
96 716	115 281	53 310	7 327 063	5 634 476
-180	2 976		71 925	42 908
14 691	16 119		506 789	356 898
455 461	123 402	22 036	8 951 034	5 211 173
1 847 044	1 325 232	1 829 684	41 096 653	28 992 487
1 315 089	1 077 831	517 647	59 589 466	35 678 758
12 521	8 038		712 440	458 809
292 404	86 006	5 969	2 830 083	1 717 545
46 316	37 761	3 647	792 836	273 490
140 213	79 627	8 105	2 708 488	1 558 360
565 158	415 333	427 384	21 914 988	13 342 278
68 512	87 515	4 312	5 415 024	3 266 407
-45 302	267 060	54 631	22 082 464	14 111 574
235 266	96 491	13 600	3 133 143	950 295
6 797 297	4 959 798	4 505 514	263 141 082	171 634 265

续 6-2

分布	统计数/个	区内	区外	年末从业人员/人	营业收入/千元	工业总产值/千元	新产品产值/千元
500≤人数<1000	52	22	30	37 258	42 493 490	40 121 089	13 741 405
300≤人数<500	58	33	25	22 416	25 245 167	20 679 275	6 621 200
100≤人数<300	202	81	121	32 454	40 543 585	27 712 012	8 705 158
50≤人数<100	229	83	146	15 845	13 617 312	9 837 010	2 189 729
20≤人数<50	407	138	269	12 561	8 691 487	5 745 738	1 590 770
人数<20	806	264	542	7 946	3 757 133	1 135 151	163 121
按收入规模							
收入≥4亿元	121	62	59	130 102	233 183 969	158 440 675	60 004 460
1亿元≤收入<4亿元	170	63	107	39 374	33 165 522	29 340 929	8 026 214
2000万元≤收入<1亿元	390	156	234	31 533	16 513 076	12 818 792	3 221 048
1000万元≤收入<2000万元	190	69	121	7 438	2 632 648	1 291 852	184 813
500万元≤收入<1000万元	206	61	145	4 645	1 486 992	691 506	137 802
收入<500万元	723	234	489	8 680	1 355 659	508 738	80 311
按国民经济行业							
农、林、牧、渔业	13		13	367	97 580	18 441	
农业	6		6	135	53 729		
林业	3		3	99	8 155	2 309	
渔业	1		1	6	976		
农、林、牧、渔专业及辅助性活动	3		3	127	34 720	16 132	
采矿业	12		12	4 103	4 843 382	4 712 909	1 262 088
煤炭开采和洗选业	1		1	30	38 502	38 000	
石油和天然气开采	1		1	26	16 992	16 992	
黑色金属矿采选业	2		2	78	20 612	20 674	
有色金属矿采选业	4		4	2 120	2 813 955	2 866 338	1 262 088
非金属矿采选业	3		3	1 618	1 766 670	1 589 927	
其他采矿业	1		1	231	186 651	180 979	
制造业	799	261	538	161 444	187 211 119	196 106 430	70 369 914
农副食品加工业	4		4	454	1 248 769	1 262 505	143 777
食品制造业	3	1	2	142	66 263	70 175	26 269
纺织业	5		5	843	267 006	276 005	99 229
纺织服装、服饰业	1		1	1 498	261 005	277 000	
皮革、毛皮、羽毛及其制品和制鞋业	3	1	2	848	636 683	730 729	45 857
木材加工和木、竹、藤、棕、草制品业	7	1	6	179	100 178	126 883	35 905
家具制造业	6	2	4	746	588 855	513 884	67 836

六　高新技术企业

净利润/千元	上缴税费/千元	出口创汇/千元	年末资产/千元	年末负债/千元
4 360 108	1 706 139	1 298 033	80 849 465	46 402 832
1 849 598	1 179 785	690 288	49 120 869	29 140 328
2 001 898	1 612 180	421 038	75 470 753	46 521 198
172 372	500 471	338 569	20 490 849	11 825 081
270 962	252 557	18 353	13 076 285	7 687 610
−114 539	89 532	1 598	8 850 034	5 120 922
12 799 466	7 780 940	6 172 184	406 573 331	263 764 318
2 189 178	1 632 197	755 481	52 145 749	25 734 114
619 712	680 171	332 992	36 697 374	19 402 338
20 730	106 032	1 695	5 944 557	3 321 381
−144 496	61 892	8 583	3 870 019	2 788 210
−146 895	39 232	2 458	5 768 305	3 321 877
1 654	2 355		737 812	366 389
4 600	1 792		528 180	307 810
−134	316		98 496	32 136
−71			5 609	880
−2 740	247		105 527	25 563
824 142	644 684		11 663 186	7 180 223
1 551	695		22 913	11 511
1 089	807		97 354	49 667
1 389	1 486		39 780	23 933
653 960	281 301		4 959 020	2 202 709
95 828	333 616		6 192 093	4 773 913
70 325	26 779		352 026	118 491
11 714 495	7 391 237	5 708 627	328 524 393	185 181 486
26 259	4 229		493 906	304 098
−2 012	4 120		594 572	261 735
−9 070	5 041	16 278	645 702	303 426
27 010	1 169		238 946	26 541
27 918	13 675		1 190 254	349 169
−140 495	244		941 873	1 038 874
28 709	31 768	53 310	487 243	158 204

续6-2

分布	统计数/个	区内	区外	年末从业人员/人	营业收入/千元	工业总产值/千元	新产品产值/千元
造纸和纸制品业	4		4	985	1 987 114	2 010 646	1 427 720
印刷和记录媒介复制业	11	3	8	2 409	1 679 641	1 801 526	1 162 414
文教、美工、体育和娱乐用品制造业	10	2	8	657	161 046	136 276	18 321
石油、煤炭及其他燃料加工业	2		2	19	3 126	3 063	
化学原料和化学制品制造业	66	23	43	16 424	33 025 037	28 363 194	9 469 415
医药制造业	66	41	25	18 116	17 374 468	20 469 334	3 706 941
化学纤维制造业	1		1	27	20 144	21 000	
橡胶和塑料制品业	50	20	30	9 349	10 629 936	10 617 694	4 063 986
非金属矿物制品业	81	18	63	6 994	5 220 874	5 329 783	601 915
黑色金属冶炼和压延加工业	7	1	6	3 001	6 957 788	6 633 899	422 161
有色金属冶炼和压延加工业	24	2	22	6 553	20 002 143	20 433 549	7 807 573
金属制品业	49	11	38	7 473	6 191 104	6 299 132	2 265 078
通用设备制造业	98	26	72	9 333	5 030 404	5 812 071	2 875 302
专用设备制造业	70	24	46	5 924	4 341 402	5 473 043	2 064 538
汽车制造业	22	7	15	10 472	11 588 275	12 637 853	6 925 188
铁路、船舶、航空航天和其他运输设备制造业	44	24	20	29 796	21 252 357	25 721 051	10 827 325
电器机械和器材制造业	78	23	55	9 481	10 075 566	9 831 156	2 290 522
计算机、通信和其他电子设备制造业	49	18	31	16 036	24 256 456	26 879 748	13 103 770
仪器仪表制造业	15	9	6	1 243	764 160	791 964	352 548
其他制造业	17	4	13	1 414	2 041 360	2 134 325	158 059
废弃资源综合利用业	6		6	1 028	1 439 961	1 448 943	408 263
电力、热力、燃气及水生产和供应业	13	3	10	744	1 482 957	2 123 630	22 646
电力、热力生产和供应业	7	2	5	516	1 195 404	1 869 946	
燃气生产和供应业	1		1	76	126 582	55 486	
水的生产和供应业	5	1	4	152	160 971	198 198	22 646
建筑业	50	12	38	18 683	56 625 863		4 944
房屋建筑业	7	2	5	3 050	12 537 457		4 691
土木工程建筑业	22	7	15	9 423	31 749 326		253
建筑安装业	10	2	8	3 322	6 648 146		
建筑装饰、装修和其他建筑业	11	1	10	2 888	5 690 934		
批发和零售业	20	4	16	351	207 543		1 564
批发业	15	3	12	222	146 267		528

净利润/千元	上缴税费/千元	出口创汇/千元	年末资产/千元	年末负债/千元
126 922	58 368		4 841 140	2 866 175
234 269	102 550		3 400 293	1 118 626
5 584	7 334	13 600	210 198	130 482
179	330		14 233	6 611
2 946 553	1 182 751	2 633 962	59 475 759	38 348 443
1 413 753	1 939 792	8 941	35 292 180	13 217 754
1 205	1 318		24 148	19 565
645 058	301 277	177 838	16 870 951	8 769 371
-36 996	234 538		10 345 789	7 715 337
22 249	110 859	43 992	12 598 309	7 268 225
1 698 053	823 763	2 057	18 156 066	10 333 527
300 962	238 859	365 790	9 335 685	5 283 140
346 316	207 381	212 053	9 795 873	5 832 863
141 433	155 105	186 749	9 764 983	5 857 248
-61 653	245 320	57 459	20 858 474	13 565 620
974 603	489 597	442 247	55 256 074	32 555 938
412 866	295 540	22 164	12 232 589	7 806 664
2 388 843	823 629	1 365 439	39 018 450	18 272 033
70 364	49 623	32 072	1 154 491	384 286
13 325	13 069	74 675	3 232 280	2 239 132
112 288	49 987		2 053 935	1 148 400
175 567	61 348		16 242 050	11 605 911
153 349	41 969		15 768 240	11 338 384
16 577	8 162		194 620	104 382
5 641	11 217		279 189	163 145
692 775	792 541		94 739 777	81 156 796
86 982	293 168		25 633 932	22 168 255
424 455	300 957		44 947 099	38 923 838
167 087	124 592		12 583 509	9 579 071
14 251	73 824		11 575 237	10 485 632
4 621	3 589		276 138	141 472
4 041	2 930		110 121	73 704

续 6-2

分 布	统计数/个	区内	区外	年末从业人员/人	营业收入/千元	工业总产值/千元	新产品产值/千元
零售业	5	1	4	129	61 276	1 036	
交通运输、仓储和邮政业	2	1	1	71	102 893		
道路运输业	2	1	1	71	102 893		
信息传输、软件和信息技术服务业	679	271	408	19 152	16 076 735	7 667	
电信、广播电视和卫星传输服务	10	4	6	770	560 826		
互联网和相关服务	56	25	31	4 033	2 394 683	643	
软件和信息技术服务业	613	242	371	14 349	13 121 225	7 024	
房地产业	1		1	12	2 185		
房地产业务业	1		1	12	2 185		
租赁和商业服务业	7	3	4	230	102 044		
商业服务业	7	3	4	230	102 044		
科学研究与技术服务业	144	68	76	14 299	20 300 912	65 373	
研究和试验发展	17	7	10	2 381	3 497 443		
专业技术服务业	105	47	58	11 271	15 934 646	36 723	
科技推广和应用服务业	22	14	8	647	868 823	28 650	
水利、环境和公共设施管理业	42	15	27	1 319	783 596	51 533	
水利管理业	2	1	1	133	125 445		
生态保护和环境治理业	35	13	22	1 126	629 825	51 533	
公共设施管理	4	1	3	41	21 537		
土地管理业	1		1	19	6 790		
居民服务、修理和其他服务业	5	2	3	112	25 133		
居民服务业	2		2	29	10 824		
其他服务业	3	2	1	83	14 309		
教育	3	1	2	67	5 594		
教育	3	1	2	67	5 594		
卫生和社会工作	2	2		692	448 598		
卫生	2	2		692	448 598		
文化、体育和娱乐业	8	2	6	126	21 733		
新闻和出版业	1		1	20	5 261		
广播、电视、电影和录音制作业	2		2	30	5 666		
文化艺术业	4	1	3	64	10 173		
娱乐业	1	1		12	634		

净利润/千元	上缴税费/千元	出口创汇/千元	年末资产/千元	年末负债/千元
580	659		166 017	67 768
−800	2 629		143 910	96 979
−800	2 629		143 910	96 979
775 458	493 051	60 986	23 140 143	12 052 336
239 229	28 047		2 247 540	451 372
139 962	118 156	9 383	3 555 528	1 633 938
396 267	346 847	51 603	17 337 075	9 967 026
−554	62		467	1 324
−554	62		467	1 324
−3 216	3 857		122 213	73 916
−3 216	3 857		122 213	73 916
993 556	863 737	1 503 779	33 065 756	18 990 341
139 642	69 414	255 700	5 267 555	3 198 262
819 717	786 136	1 248 079	27 014 571	15 357 805
34 197	8 186		783 629	434 273
110 159	33 978		1 872 425	1 141 437
7 596	7 791		198 314	146 911
103 964	25 256		1 639 995	973 157
−1 446	326		22 982	12 716
44	605		11 134	8 653
−2 337	141		40 877	28 936
1 221	74		15 624	9 834
−3 558	67		25 253	19 102
−3 308	56		38 529	22 861
−3 308	56		38 529	22 861
54 875	6 930		346 198	251 074
54 875	6 930		346 198	251 074
609	267		45 462	40 757
−35	86		12 454	9 986
1 434	68		11 282	10 068
−548	113		20 943	19 707
−242			783	995

6-3 收入

分布	营业收入	#主营业务收入	#技术收入	产品销售收入
总　计	288 337 866	283 108 217	28 827 303	242 853 614
按地区				
贵阳市	187 808 262	184 768 003	26 308 608	148 386 500
六盘水市	9 324 100	8 993 641	80 183	8 885 000
遵义市	38 743 801	38 222 930	1 435 828	36 372 193
安顺市	13 655 353	13 336 658	166 249	13 085 530
毕节市	3 450 101	3 403 530	16 128	3 382 681
铜仁市	14 144 744	14 087 429	12 247	14 000 533
黔西南布依族苗族自治州	3 539 594	3 528 927	37 658	3 484 718
黔东南苗族侗族自治州	3 955 612	3 621 637	23 313	3 914 892
黔南布依族苗族自治州	13 716 300	13 145 462	747 088	11 341 566
按隶属关系				
中央	103 761 093	102 624 093	14 793 401	82 688 805
地方	108 571 390	105 792 842	6 773 921	94 126 985
其他	76 005 383	74 691 283	7 259 982	66 037 824
按登记注册类型				
内资企业	283 122 396	277 926 000	28 774 975	237 723 542
国有企业	90 162 068	89 438 661	10 794 009	75 498 552
集体企业	405 208	402 546		400 621
股份合作企业	715 791	710 057	11 503	698 553
有限责任公司	114 732 140	111 808 176	13 757 165	90 551 224
股份有限公司	49 474 775	48 379 792	1 177 976	46 980 596
私营企业	27 586 619	27 142 149	3 031 670	23 551 329
其他	45 794	44 618	2 652	42 666
港、澳、台商投资企业	2 232 493	2 215 060		2 204 301
与港、澳、台商合资经营	664 055	652 938		642 179
港、澳、台商独资	199 587	198 354		198 354
港、澳、台商投资股份有限公司	1 368 851	1 363 768		1 363 768
外商投资企业	2 982 977	2 967 157	52 328	2 925 771
中外合资经营企业	1 599 916	1 588 189		1 599 131
中外合作经营企业	1 330 733	1 326 640		1 326 640
外资企业	52 328	52 328	52 328	
按控股类型				
国有	185 620 537	183 242 011	20 157 828	152 650 159
集体	4 989 415	4 947 006	136 821	4 823 948
私人	83 883 679	81 477 860	7 430 713	72 864 439
港、澳、台商	3 569 221	3 248 693		3 562 905
外商	133 951	133 951	52 328	73 962

六　高新技术企业

单位：千元

#高新技术产品	#出口	#新产品	#出口	商品销售收入
195 894 023	5 127 486	69 434 508	3 607 326	7 814 433
119 712 403	2 954 329	37 188 409	2 387 688	5 798 208
7 159 812	7 396	810 976	1 486	106 983
29 663 692	337 665	15 077 676	347 055	313 183
10 639 499	139 852	4 352 863	78 569	11 804
3 128 280		169 932		403
9 881 908	875 518	6 380 957	81 272	86 178
3 325 898	8 941	1 431 036	9 042	5 894
3 340 706	3 539	171 931	3 539	1 914
9 041 825	800 247	3 850 729	698 675	1 489 865
62 439 899	868 500	19 510 772	390 526	1 428 746
74 389 476	3 380 304	27 446 837	2 707 446	4 718 640
59 064 648	878 682	22 476 899	509 354	1 667 047
191 756 704	4 983 579	67 969 204	3 599 477	7 811 428
54 421 534	665 165	16 277 742	217 400	77 107
323 545				1 924
627 403		473 330		
77 487 956	2 459 988	26 872 464	2 317 004	6 779 181
38 648 501	1 783 333	17 291 196	990 240	571 678
20 216 118	75 093	7 050 319	74 833	381 463
31 646		4 152		75
1 747 213	129 884	1 437 384	6 156	3 005
552 786	153	527 345	153	
129 731	129 731	6 003	6 003	
1 064 696		904 036		3 005
2 390 106	14 023	27 920	1 693	
1 063 466	14 023	27 920	1 693	
1 326 640				
119 202 418	2 857 486	36 832 484	2 436 508	6 325 818
4 678 966	180	2 505 112		1 924
61 351 599	2 091 671	27 041 134	1 129 099	1 352 033
2 880 998	129 731	910 039	6 003	3 005
73 962	153	73 962	153	

续 6-3

分布	营业收入	#主营业务收入	#技术收入	产品销售收入
其他	10 141 063	10 058 696	1 049 613	8 878 200
按企业所属技术领域				
电子与信息	29 533 261	29 169 226	7 660 065	20 553 344
生物、医药技术	19 726 587	19 391 887	468 214	18 935 672
新材料	62 326 012	61 028 741	35 551	60 745 942
光机电一体化	19 420 739	18 266 110	282 918	16 609 490
新能源、高效节能	26 761 872	26 377 860	151 012	26 480 562
环境保护	7 604 163	7 423 805	696 466	6 507 280
航空航天	26 860 105	26 460 169	491 578	25 646 360
地球、空间、海洋工程	1 995 289	1 991 196	54 990	1 922 306
其他高技术	94 109 839	92 999 224	18 986 509	65 452 658
按高新技术领域				
电子信息	32 877 793	32 480 854	4 818 279	26 685 783
软件	8 289 811	8 188 790	3 524 974	4 220 948
微电子技术	2 268 935	2 241 170	18 105	2 138 892
计算机产品及网络应用技术	998 133	997 095	101 109	846 764
通讯技术	850 610	841 743	452 317	262 154
广播影视技术	4 075 124	4 019 604	5 067	4 004 704
新型电子元器件	7 724 328	7 613 005	28 921	7 583 997
信息安全技术	519 193	494 194	207 198	241 744
智能交通和轨道交通技术	8 151 660	8 085 253	480 588	7 386 580
生物与新医药	22 374 399	21 565 513	464 374	21 118 748
医药生物技术	2 802 017	2 794 560	101 545	2 695 015
中药、天然药物	12 023 244	11 783 251	919	11 780 533
化学药研发技术	1 012 080	1 010 867	47	1 010 074
药物新剂型与制剂创新技术	792 066	786 422		786 422
医疗仪器、设备与医学专用软件	371 426	371 426	355 441	9 665
轻工与化工生物技术	1 061 647	1 049 181	981	1 048 330
农业生物技术	4 311 920	3 769 806	5 441	3 788 709
航空航天	20 384 176	20 022 800	433 576	19 522 738
航空技术	15 952 437	15 685 468	101 672	15 508 875
航天技术	4 431 738	4 337 332	331 905	4 013 863
新材料	59 897 586	59 175 921	76 638	58 793 651
金属材料	27 949 042	27 360 281	41 016	27 337 375
无机非金属材料	14 911 461	14 873 053	27 167	14 725 445
高分子材料	7 990 419	7 904 248	169	7 707 371
生物医用材料	257 125	256 958	7 222	249 736
精细与专用化学品	8 788 310	8 780 152	1 064	8 772 496

#高新技术产品	#出口	#新产品	#出口	商品销售收入
7 706 080	48 265	2 071 777	35 563	131 652
18 682 549	404 293	7 281 336	258 601	605 378
16 931 175	51 621	3 576 696	51 621	13 420
47 319 595	1 833 884	24 541 500	1 096 231	671 763
14 389 869	373 286	9 666 390	161 329	1 351 234
18 275 023	3 180	2 072 669	3 000	51 037
4 945 400	10 214	700 677	3 179	90 267
21 592 665	544 679	9 622 754	158 809	10 476
1 910 245	5 872	1 077		7 552
51 847 503	1 900 458	11 971 409	1 874 556	5 013 306
23 727 914	463 870	10 058 855	417 567	600 761
3 871 917	63 887	208 181	43 653	394 833
2 086 709	120 976	791 907	120 976	86 673
774 556	37 672	23 221	21 421	32 303
190 712		4 093		19 970
4 002 420		3 978 888		14 724
6 467 454	241 335	2 698 805	116 204	
179 448				34 292
6 154 699		2 353 760	115 313	17 967
18 474 083	616 216	4 649 620	616 216	444 806
2 460 341		1 843 779		
10 869 384	8 941	829 811	8 941	1 800
934 610		169 573		
755 136		291 619		
9 138		366		6 320
729 571		436 107		200
2 715 902	607 275	1 078 365	607 275	436 486
16 187 329	268 397	7 646 922	131 421	10 635
12 934 959	172 389	5 928 460	35 413	392
3 252 370	96 008	1 718 462	96 008	10 243
44 509 804	1 190 002	20 945 428	351 587	271 379
21 570 950	326 494	10 001 625	269 057	
10 556 189	801 698	6 405 589	23 500	112 529
5 861 455	23 327	2 440 113	16 776	158 850
205 132		10 684	101	
6 315 194	38 483	2 087 417	42 153	

续 6-3

分 布	营业收入	#主营业务收入	#技术收入	产品销售收入
与文化技术产业相关的新材料	1 228	1 228		1 228
高技术服务	81 079 337	80 580 270	22 287 921	53 146 407
研发与设计服务	69 005 939	68 741 884	15 821 374	48 064 126
检验检测认证与标准服务	666 375	665 017	620 812	41 147
信息技术服务	5 523 411	5 517 270	3 787 348	1 638 595
高技术专业化服务	5 340 831	5 114 846	1 834 605	3 135 435
知识产权与成果转化服务	171 265	169 813	126 939	18 821
电子商务与物流服务技术	130 594	130 594	11 505	119 021
城市管理与社会服务	131 042	131 042	76 984	30 527
文化创意产业支撑技术	109 880	109 804	8 355	98 735
新能源与节能	5 719 668	5 382 013	106 242	5 530 447
可再生清洁能源	38 581	37 492	146	37 095
新型高效能量转换与存储技术	2 864 611	2 550 006		2 862 293
高效节能技术	2 816 476	2 794 515	106 096	2 631 059
资源与环境	33 045 096	32 430 174	527 645	27 917 935
水污染控制与水资源利用技术	1 043 195	1 040 207	274 087	705 222
大气污染控制技术	28 951	28 622	725	28 004
固体废弃物处置与综合利用技术	7 294 802	7 102 228	17 210	7 006 311
环境监测及环境事故应急处置技术	92 993	80 023	59 814	24 532
生态环境建设与保护技术	216 616	215 550	148 980	1 039
清洁生产技术	5 464 846	5 272 078	7 143	5 247 368
资源勘查、高效开采与综合利用技术	18 903 694	18 691 465	19 685	14 905 459
先进制造与自动化	32 959 811	31 470 672	112 627	30 137 905
工业生产过程控制系统	280 669	280 385	5 232	272 104
安全生产技术	2 954 146	2 951 873		1 993 398
高性能、智能化仪器仪表	607 846	601 871	20 195	575 853
先进制造工艺与设备	1 669 712	1 622 243	6 115	1 614 375
新型机械	10 515 215	10 263 608	33 533	10 139 867
电力系统与设备	3 150 938	3 091 833	47 309	3 025 476
汽车及轨道车辆相关技术	12 363 377	11 256 866	244	11 122 688
传统文化产业改造技术	1 417 907	1 401 992		1 394 144
按国民经济行业				
农、林、牧、渔业	97 580	93 624	2 805	90 339
农业	53 729	50 428		50 428
林业	8 155	8 155	2 366	5 020
渔业	976	976		826
农、林、牧、渔专业及辅助性活动	34 720	34 065	440	34 065
采矿业	4 843 382	4 778 269		4 771 814

#高新技术产品	#出口	#新产品	#出口	商品销售收入
883				
38 349 000	242 404	413 625		1 345 859
34 054 641	242 404	413 625		1 238 791
31 981				
1 384 284				35 192
2 620 251				25 279
18 821				25 505
113 715				
30 246				18 434
95 061				2 657
4 829 921	22 157	828 951	22 157	13 074
36 369		27 018		
2 489 371	22 157	515 628	22 157	1 925
2 304 181		286 305		11 149
23 646 069	1 897 028	8 047 205	1 869 671	3 843 206
596 061		22 241		19 593
27 824	8 616	19 773	3 179	130
5 405 994	42 680	754 557	42 680	102 090
19 980				8 647
979				
4 445 054	16 048	1 333 114		48 457
13 150 176	1 829 684	5 917 520	1 823 812	3 664 289
26 169 902	427 413	16 843 903	198 707	1 284 714
224 823		55 580		3 178
1 711 443		730 161		958 475
422 997	3 647	320 941	616	7 552
1 462 401	3 473	557 333	7 632	5 686
8 069 107	350 126	5 224 828	153 180	142 635
2 588 616	4 312	1 348 365	2	18 966
10 534 329	52 255	7 660 187	37 277	148 221
1 156 188	13 600	946 507		
71 922				150
38 320				
3 754				
826				150
29 022				
4 613 488		1 261 666		462

续 6-3

分 布	营业收入	#主营业务收入	#技术收入	产品销售收入
煤炭开采和洗选业	38 502	38 502		38 502
石油和天然气开采	16 992	16 992		10 999
黑色金属矿采选业	20 612	20 612		20 612
有色金属矿采选业	2 813 955	2 808 770		2 808 770
非金属矿采选业	1 766 670	1 706 742		1 706 280
其他采矿业	186 651	186 651		186 651
制造业	187 211 119	182 682 209	322 864	177 095 342
农副食品加工业	1 248 769	1 227 430		1 248 121
食品制造业	66 263	65 697	851	64 846
纺织业	267 006	265 938		250 807
纺织服装、服饰业	261 005	261 005		261 005
皮革、毛皮、羽毛及其制品和制鞋业	636 683	608 433		608 433
木材加工和木、竹、藤、棕、草制品业	100 178	99 193		99 099
家具制造业	588 855	588 855	134	470 528
造纸和纸制品业	1 987 114	1 923 049		1 919 508
印刷和记录媒介复制业	1 679 641	1 663 649	1 498	1 659 053
文教、美工、体育和娱乐用品制造业	161 046	161 046		161 046
石油、煤炭及其他燃料加工业	3 126	3 126		2 875
化学原料和化学制品制造业	33 025 037	32 201 877	4 555	27 457 677
医药制造业	17 374 468	17 112 249	3 626	17 106 129
化学纤维制造业	20 144	20 144		20 144
橡胶和塑料制品业	10 629 936	10 514 397		10 454 876
非金属矿物制品业	5 220 874	5 184 493	27 045	5 098 536
黑色金属冶炼和压延加工业	6 957 788	6 520 008		6 520 008
有色金属冶炼和压延加工业	20 002 143	19 771 920		19 750 987
金属制品业	6 191 104	6 076 069	37 584	6 009 974
通用设备制造业	5 030 404	4 956 805	16 226	4 910 054
专用设备制造业	4 341 402	4 171 308	57 879	4 086 416
汽车制造业	11 588 275	10 526 844		10 431 463
铁路、船舶、航空航天和其他运输设备制造业	21 252 357	20 901 741	129 662	20 689 403
电器机械和器材制造业	10 075 566	9 604 482	21 195	9 774 649
计算机、通信和其他电子设备制造业	24 256 456	24 050 435	8 649	23 906 895
仪器仪表制造业	764 160	758 159	11 726	744 953
其他制造业	2 041 360	2 004 923	2 234	1 948 941
废弃资源综合利用业	1 439 961	1 438 935		1 438 918
电力、热力、燃气及水生产和供应业	1 482 957	1 474 230	1 929	1 466 308
电力、热力生产和供应业	1 195 404	1 190 972	600	1 186 516
燃气生产和供应业	126 582	122 978		122 978

#高新技术产品	#出口	#新产品	#出口	商品销售收入
38 502				
7 051				
20 612				
2 795 318		1 261 666		
1 639 292				462
112 714				
145 942 456	4 874 187	68 151 968	3 607 326	5 908 696
958 636		142 845		
61 075		32 151		
196 173	16 278	74 107	16 278	
261 005				
407 337		45 857		
79 233		31 254		
452 289	42 680	65 815	42 680	89 249
1 569 682		1 362 987		
1 323 173		1 063 169		
145 216	13 600	17 609		
2 875				
21 506 537	2 491 490	9 334 578	2 473 240	5 130 186
15 658 044	8 941	3 476 299	8 941	3 476
18 695				
8 637 450	3 120	4 013 216	115 811	61 983
4 454 470		602 752		54 462
4 421 097	43 992	405 091	42 394	
15 858 712	2 057	7 857 274	2 057	37 317
4 679 593	282 043	2 199 856	224 606	19 087
4 043 066	207 421	2 639 429	88 361	4 104
3 331 861	102 921	1 956 104	43 650	114 532
9 965 598	55 083	6 917 725	23 348	109 938
17 249 970	243 222	9 698 393	174 431	2 423
7 983 741	22 159	2 667 098	22 159	118 118
19 165 779	1 232 432	12 618 130	320 563	109 235
580 277	32 072	407 886	8 807	3 209
1 553 204	74 675	148 436		51 376
1 377 668		373 906		
1 340 163		20 874		8 043
1 078 709				3 538
122 978				3 005

续 6-3

分　布	营业收入	#主营业务收入	#技术收入	产品销售收入
水的生产和供应业	160 971	160 280	1 329	156 814
建筑业	56 625 863	56 408 833	8 413 835	45 845 506
房屋建筑业	12 537 457	12 493 110	909 537	11 583 172
土木工程建筑业	31 749 326	31 648 355	5 023 378	24 547 550
建筑安装业	6 648 146	6 627 995	2 346 054	4 280 199
建筑装饰、装修和其他建筑业	5 690 934	5 639 373	134 866	5 434 585
批发和零售业	207 543	207 256	65 014	104 917
批发业	146 267	145 980	26 553	85 241
零售业	61 276	61 276	38 461	19 676
交通运输、仓储和邮政业	102 893	102 893	2 134	100 691
道路运输业	102 893	102 893	2 134	100 691
信息传输、软件和信息技术服务业	16 076 735	15 942 188	8 435 884	6 613 811
电信、广播电视和卫星传输服务	560 826	551 896	432 998	58 854
互联网和相关服务	2 394 683	2 387 920	928 338	1 288 396
软件和信息技术服务业	13 121 225	13 002 373	7 074 548	5 266 561
房地产业	2 185	2 185	1 860	
房地产业务业	2 185	2 185	1 860	
租赁和商业服务业	102 044	92 410	49 212	31 402
商业服务业	102 044	92 410	49 212	31 402
科学研究与技术服务业	20 300 912	20 045 671	10 605 394	6 445 797
研究和试验发展	3 497 443	3 467 949	757 491	2 424 365
专业技术服务业	15 934 646	15 771 668	9 613 680	3 439 646
科技推广和应用服务业	868 823	806 053	234 223	581 786
水利、环境和公共设施管理业	783 596	778 753	453 888	265 465
水利管理业	125 445	125 445	125 445	
生态保护和环境治理业	629 825	624 981	316 874	255 454
公共设施管理	21 537	21 537	5 662	10 011
土地管理业	6 790	6 790	5 907	
居民服务、修理和其他服务业	25 133	25 133	20 368	4 111
居民服务业	10 824	10 824	6 735	4 089
其他服务业	14 309	14 309	13 633	22
教育	5 594	4 668	4 668	926
教育	5 594	4 668	4 668	926
卫生和社会工作	448 598	448 598	443 078	
卫生	448 598	448 598	443 078	
文化、体育和娱乐业	21 733	21 298	4 369	17 185
新闻和出版业	5 261	5 261		5 261
广播、电视、电影和录音制作业	5 666	5 666	735	4 751
文化艺术业	10 173	9 738	3 000	7 173
娱乐业	634	634	634	

#高新技术产品	#出口	#新产品	#出口	商品销售收入
138 476		20 874		1 500
32 232 068				62 196
9 600 805				393
15 808 123				43 530
3 015 503				2 144
3 807 637				16 129
84 643				36 166
80 444				33 766
4 199				2 400
100 691				
100 691				
5 856 647	10 895			513 773
58 854				22 623
973 261				115 057
4 824 531	10 895			376 093
31 123				10 713
31 123				10 713
5 410 245	242 404			1 252 395
2 342 181	242 404			10 754
2 487 382				1 233 262
580 681				8 378
192 428				15 940
182 417				14 749
10 011				1 191
3 237				255
3 222				
15				255
926				
926				
				5 520
				5 520
13 986				123
4 209				
3 418				123
6 359				

6-4 税费

分布	实际上缴税费总额	#增值税	所得税
总计	10 300 464	5 318 241	2 531 030
按地区			
贵阳市	6 944 936	3 612 806	1 742 238
六盘水市	173 450	78 611	44 350
遵义市	1 404 652	768 064	340 050
安顺市	576 575	378 767	107 485
毕节市	124 814	64 218	27 097
铜仁市	216 320	100 269	67 809
黔西南布依族苗族自治州	277 139	17 840	97 316
黔东南苗族侗族自治州	197 651	81 598	10 828
黔南布依族苗族自治州	384 927	216 068	93 857
按隶属关系			
中央	3 031 583	1 502 437	909 861
地方	3 723 340	1 676 716	887 753
其他	3 545 541	2 139 088	733 416
按登记注册类型			
内资企业	9 995 341	5 236 828	2 428 325
国有企业	2 458 248	1 146 791	660 633
集体企业	20 915	16 376	1 698
股份合作企业	4 911	4 116	381
有限责任公司	4 411 365	2 295 098	1 052 726
股份有限公司	2 206 031	1 224 584	536 394
私营企业	892 935	548 979	176 467
其他	936	884	27
港、澳、台商投资企业	134 601	74 934	40 781
与港、澳、台商合资经营	55 399	33 009	12 769
港、澳、台商独资	108		
港、澳、台商投资股份有限公司	79 094	41 926	28 012
外商投资企业	170 522	6 478	61 924
中外合资经营企业	9 725	4 965	1 478
中外合作经营企业	155 725	62	57 564
外资企业	5 072	1 452	2 882
按控股类型			
国有	5 994 177	2 794 289	1 596 567
集体	159 476	55 472	38 134
私人	3 472 543	2 161 538	733 137
港、澳、台商	183 274	69 437	28 012
外商	12 107	5 298	4 794

六　高新技术企业

单位:千元

减免税总额	#增值税	所得税	#享受高新技术企业所得税减免	研发加计扣除所得税减免	技术转让所得税减免
5 018 345	2 156 102	2 379 164	1 046 170	635 273	1 525
3 730 855	1 649 789	1 645 719	759 141	422 797	1 515
32 890	139	32 750	17 681	9 919	
608 147	270 990	310 712	97 168	86 027	
222 430	141 332	67 027	9 061	30 708	
51 314	5 093	46 096	17 358	9 472	
108 522	36 351	65 412	14 191	33 289	10
91 404	11 417	79 878	73 168	4 949	
35 075	5 564	29 442	15 015	13 010	
137 709	35 428	102 128	43 388	25 102	
2 630 229	1 687 050	884 602	407 919	207 788	
1 216 962	109 170	731 814	311 852	173 284	1 040
1 171 155	359 882	762 748	326 399	254 201	485
4 915 813	2 154 176	2 278 668	987 525	609 199	1 525
1 357 684	814 200	516 499	270 910	81 481	
3 840	3 837	3	3		
4 412		4 100	316	3 276	
2 207 992	1 060 904	1 059 367	477 975	302 160	1 525
1 021 950	143 847	516 460	169 892	158 162	
319 792	131 383	182 101	68 415	64 100	
145	5	140	15	20	
42 792	36	42 756	9 777	17 314	
13 158		13 158	9 777	3 381	
8 861		8 861		8 861	
20 772	36	20 736		5 072	
59 740	1 890	57 740	48 868	8 760	
5 073		5 073	1 078	3 995	
53 461	684	52 667	47 790	4 765	
1 206	1 206				
3 684 079	1 861 564	1 389 404	687 891	282 558	1 040
74 700	3 839	70 861	24 384	11 580	
1 005 071	252 617	702 925	272 867	274 144	475
29 633	36	29 597		13 933	
2 851	1 206	1 645	1 230	415	

续 6-4

分布	实际上缴税费总额	#增值税	所得税
其他	478 887	232 207	130 386
按企业所属技术领域			
电子与信息	1 217 317	722 976	329 442
生物、医药技术	1 929 324	1 337 619	328 659
新材料	1 987 749	1 024 592	528 451
光机电一体化	531 299	252 943	183 326
新能源、高效节能	383 575	94 834	101 710
环境保护	152 572	86 917	21 044
航空航天	526 840	153 124	282 596
地球、空间、海洋工程	217 384	32 580	78 360
其他高技术	3 354 404	1 612 656	677 443
按高新技术领域			
电子信息	1 132 170	598 918	327 221
软件	200 646	129 053	39 415
微电子技术	73 613	19 360	46 008
计算机产品及网络应用技术	16 202	11 273	3 600
通讯技术	37 846	27 840	6 163
广播影视技术	58 116	22 228	1 851
新型电子元器件	542 070	348 174	146 405
信息安全技术	11 487	6 777	3 177
智能交通和轨道交通技术	192 190	34 215	80 601
生物与新医药	1 998 859	1 361 109	359 519
医药生物技术	369 607	219 821	90 470
中药、天然药物	1 270 600	939 420	167 011
化学药研发技术	155 646	109 405	28 524
药物新剂型与制剂创新技术	106 832	66 614	29 337
医疗仪器、设备与医学专用软件	7 602	917	6 241
轻工与化工生物技术	26 758	12 353	4 481
农业生物技术	61 812	12 580	33 456
航空航天	404 597	91 395	241 112
航空技术	333 540	75 074	201 429
航天技术	71 057	16 321	39 683
新材料	1 913 487	997 272	507 852
金属材料	1 073 900	606 324	265 712
无机非金属材料	291 340	158 209	60 623
高分子材料	287 845	172 740	67 347
生物医用材料	16 936	10 882	3 609
精细与专用化学品	243 467	49 117	110 562

减免税总额	#增值税	所得税	#享受高新技术企业所得税减免	研发加计扣除所得税减免	技术转让所得税减免
222 011	36 840	184 731	59 798	52 642	10
591 884	142 930	439 454	241 038	122 511	485
328 507	97 615	230 652	85 744	54 386	
887 878	90 392	433 978	115 818	147 486	
273 021	65 831	192 961	121 073	60 499	
146 326	2 809	141 959	67 855	14 781	
43 713	8 406	35 155	12 565	18 193	1 040
2 089 070	1 721 553	297 463	84 326	82 522	
66 362	1 838	64 414	53 626	4 863	
591 584	24 728	543 129	264 125	130 031	
945 094	164 418	420 489	215 107	122 257	485
154 344	38 244	110 027	18 375	36 140	10
142 040	59 309	82 162	62 218	12 866	
7 998	16	4 582	1 083	957	
10 061	2 263	7 763	4 458	2 116	
2 098	10	2 087	2 052	36	
228 471	61 934	166 427	98 677	53 205	
5 205	24	5 181	543	3 635	475
394 879	2 619	42 260	27 701	13 302	
372 637	112 993	259 499	85 821	59 010	
71 360	65	71 295	36 764	9 009	
115 719	3 332	112 386	35 678	35 023	
15 073	89	14 980	4 400	1 107	
15 384		15 250	836	984	
6 906	415	6 491	4 157	2 280	
3 268	1 847	1 415	22	1 393	
144 926	107 245	37 682	3 963	9 214	
1 720 731	1 429 795	228 637	62 992	44 494	
1 444 875	1 244 475	176 136	24 461	33 146	
275 856	185 320	52 501	38 530	11 348	
525 394	98 682	415 826	145 823	125 513	
261 780	63 146	189 518	41 429	40 239	
83 079	17 785	63 536	24 410	33 906	
84 504	13 526	70 965	18 246	32 268	
4 548	784	3 764	2 286	1 259	
91 483	3 441	88 042	59 453	17 841	

续 6-4

分布	实际上缴税费总额	#增值税	所得税
与文化技术产业相关的新材料			
高技术服务	1 907 139	1 026 120	474 028
研发与设计服务	1 466 081	770 762	338 757
检验检测认证与标准服务	43 815	26 733	11 287
信息技术服务	202 868	112 177	74 013
高技术专业化服务	153 668	87 940	42 778
知识产权与成果转化服务	11 566	5 617	4 253
电子商务与物流服务技术	21 843	18 761	486
城市管理与社会服务	3 787	3 082	86
文化创意产业支撑技术	3 511	1 048	2 370
新能源与节能	229 120	96 296	15 297
可再生清洁能源	642	480	60
新型高效能量转换与存储技术	122 954	37 168	2 144
高效节能技术	105 524	58 647	13 093
资源与环境	1 637 262	573 110	294 917
水污染控制与水资源利用技术	52 342	25 151	8 585
大气污染控制技术	1 911	367	136
固体废弃物处置与综合利用技术	115 281	56 032	18 708
环境监测及环境事故应急处置技术	2 976	2 659	201
生态环境建设与保护技术	16 119	12 263	2 341
清洁生产技术	123 402	65 404	25 776
资源勘查、高效开采与综合利用技术	1 325 232	411 234	239 170
先进制造与自动化	1 077 831	574 020	311 084
工业生产过程控制系统	8 038	4 902	1 148
安全生产技术	86 006	44 886	20 402
高性能、智能化仪器仪表	37 761	23 621	7 655
先进制造工艺与设备	79 627	50 608	16 653
新型机械	415 333	221 140	112 229
电力系统与设备	87 515	56 684	18 232
汽车及轨道车辆相关技术	267 060	128 574	96 531
传统文化产业改造技术	96 491	43 606	38 233
按国民经济行业			
农、林、牧、渔业	2 355	1 153	37
农业	1 792	793	6
林业	316	292	25
农、林、牧、渔专业及辅助性活动	247	68	6
采矿业	644 684	181 324	118 060
煤炭开采和洗选业	695	685	10

六　高新技术企业

减免税总额	#增值税	所得税	#享受高新技术企业所得税减免	研发加计扣除所得税减免	技术转让所得税减免
430 498	43 474	386 830	255 456	112 597	
273 900	2 365	271 422	184 759	74 743	
13 149	609	12 488	7 764	3 925	
92 597	27 179	65 405	38 887	24 535	
34 099	1 739	32 359	23 427	8 028	
3 160	25	3 135		192	
10 894	10 811	83		66	
2 438	737	1 701	564	1 109	
261	10	237	54		
50 448	6 015	44 305	8 864	6 396	
642	240	402	143	235	
10 394	2 396	7 873	165	2 854	
39 412	3 378	36 031	8 556	3 307	
288 613	24 000	244 263	97 137	38 540	1 040
14 271	1 893	12 372	3 204	6 137	1 040
698	264	434	54		
46 891	18 207	24 589	7 707	14 117	
600	144	456	15	109	
1 938	32	1 906	1 505	323	
21 233	494	20 739	12 842	7 898	
202 983	2 966	183 767	71 810	9 956	
684 930	276 725	379 316	174 970	126 467	
5 589	1 724	3 631	1 821	1 216	
45 193	4 878	40 311	28 379	5 724	
7 877		7 877	4 426	3 451	
26 173	2 643	20 749	5 449	9 149	
304 165	142 211	140 232	83 301	45 528	
136 798	112 881	23 784	15 300	7 780	
126 139	12 310	109 940	22 390	48 816	
32 997	78	32 792	13 905	4 804	
2 870	2 249	621	139	442	
2 231	1 888	342	9	333	
639	361	278	129	109	
1		1	1		
104 071	1 585	98 165	85 332	5 488	
1		1	1		

续 6-4

分布	实际上缴税费总额	#增值税	所得税
石油和天然气开采	807		
黑色金属矿采选业	1 486		
有色金属矿采选业	281 301	18 533	99 892
非金属矿采选业	333 616	151 638	15 251
其他采矿业	26 779	10 468	2 907
制造业	7 391 237	3 886 956	1 882 283
农副食品加工业	4 229	46	3 297
食品制造业	4 120	615	
纺织业	5 041	1 632	98
纺织服装、服饰业	1 169	832	337
皮革、毛皮、羽毛及其制品和制鞋业	13 675	5 749	3 410
木材加工和木、竹、藤、棕、草制品业	244	146	19
家具制造业	31 768	22 785	3 085
造纸和纸制品业	58 368	28 781	16 192
印刷和记录媒介复制业	102 550	46 867	40 353
文教、美工、体育和娱乐用品制造业	7 334	5 429	1 488
石油、煤炭及其他燃料加工业	330	292	7
化学原料和化学制品制造业	1 182 751	420 220	285 921
医药制造业	1 939 792	1 361 018	318 904
化学纤维制造业	1 318	1 131	44
橡胶和塑料制品业	301 277	98 678	118 214
非金属矿物制品业	234 538	133 850	25 481
黑色金属冶炼和压延加工业	110 859	39 848	36 239
有色金属冶炼和压延加工业	823 763	469 630	200 532
金属制品业	238 859	155 317	41 864
通用设备制造业	207 381	138 002	40 888
专用设备制造业	155 105	72 918	45 591
汽车制造业	245 320	99 985	100 215
铁路、船舶、航空航天和其他运输设备制造业	489 597	143 170	269 199
电器机械和器材制造业	295 540	129 667	49 466
计算机、通信和其他电子设备制造业	823 629	446 397	254 922
仪器仪表制造业	49 623	30 763	11 140
其他制造业	13 069	8 244	99
废弃资源综合利用业	49 987	24 943	15 281
电力、热力、燃气及水生产和供应业	61 348	27 877	11 519
电力、热力生产和供应业	41 969	14 051	8 191
燃气生产和供应业	8 162	5 390	1 969
水的生产和供应业	11 217	8 436	1 360

减免税总额	#增值税	所得税	#享受高新技术企业所得税减免	研发加计扣除所得税减免	技术转让所得税减免
968	696	272		98	
22		22	11		
83 548	889	82 549	77 047	5 390	
7 122		2 912			
12 410		12 410	8 274		
4 252 428	2 046 677	1 737 327	677 759	477 011	
79 838	73 687	6 151	2 845	3 306	
1 026	981	45		45	
280		280	280		
3 367		3 367		3 367	
4 207	8	4 199	3 167	1 020	
1 392	1 389	3	1		
4 682	71	4 610	991	3 611	
11 887		11 887	8 101	3 786	
37 053	2	37 051	13 796	9 425	
3 168	126	2 865	2 195	266	
447	212	235		235	
288 673	24 581	250 664	85 151	35 727	
231 480	3 487	227 855	80 928	56 718	
150		150			
435 171	15 310	69 704	29 311	23 032	
73 678	29 412	43 930	20 238	19 102	
30 771		30 771	24 548	3 141	
145 294	3 842	128 355	913	23 502	
112 417	62 909	49 351	13 308	23 625	
123 737	31 615	79 185	39 387	28 517	
47 498	1 878	45 614	31 755	13 247	
130 006	16 093	110 023	23 423	47 843	
1 720 871	1 386 281	268 277	74 984	71 928	
54 699	8 353	46 106	20 637	14 597	
403 782	101 770	294 570	189 093	81 949	
12 450	835	11 506	5 933	5 256	
285 002	283 345	1 658	491	1 133	
9 402	488	8 914	6 283	2 631	
29 869	1 653	28 216	3 109	610	1 040
26 959	1 617	25 342	2 600	610	
1 349	36	1 313			
1 562	1	1 561	509		1 040

续 6-4

分布	实际上缴税费总额	#增值税	所得税
建筑业	792 541	443 292	154 341
房屋建筑业	293 168	171 359	64 779
土木工程建筑业	300 957	147 117	63 830
建筑安装业	124 592	74 680	19 629
建筑装饰、装修和其他建筑业	73 824	50 137	6 103
批发和零售业	3 589	3 040	246
批发业	2 930	2 635	150
零售业	659	404	96
交通运输、仓储和邮政业	2 629	2 110	10
道路运输业	2 629	2 110	10
信息传输、软件和信息技术服务业	493 051	306 148	117 386
电信、广播电视和卫星传输服务	28 047	17 228	6 984
互联网和相关服务	118 156	88 572	15 013
软件和信息技术服务业	346 847	200 349	95 389
房地产业	62	30	
房地产业务业	62	30	
租赁和商业服务业	3 857	1 019	1 373
商业服务业	3 857	1 019	1 373
科学研究与技术服务业	863 737	446 972	229 595
研究和试验发展	69 414	29 409	11 768
专业技术服务业	786 136	411 671	215 856
科技推广和应用服务业	8 186	5 891	1 971
水利、环境和公共设施管理业	33 978	17 743	9 845
水利管理业	7 791	3 468	2 074
生态保护和环境治理业	25 256	13 448	7 721
公共设施管理	326	276	50
土地管理业	605	550	
居民服务、修理和其他服务业	141	83	4
居民服务业	74	16	4
其他服务业	67	67	
教育	56	46	7
教育	56	46	7
卫生和社会工作	6 930	320	6 236
卫生	6 930	320	6 236
文化、体育和娱乐业	267	128	87
新闻和出版业	86	24	13
广播、电视、电影和录音制作业	68	50	15
文化艺术业	113	53	59

减免税总额	#增值税	所得税	#享受高新技术企业所得税减免	研发加计扣除所得税减免	技术转让所得税减免
145 764	324	145 419	96 261	34 977	
54 179	6	54 173	33 364	9 536	
76 127	236	75 870	54 659	21 094	
13 254	82	13 173	7 971	2 410	
2 203		2 203	267	1 937	
828	22	804	317	2	
693	22	669	290	2	
135		135	27		
10 797	10 797				
10 797	10 797				
273 060	69 334	197 318	63 090	72 234	485
10 805	1 791	9 013	5 174	2 949	
24 128	9 448	13 569	6 394	6 236	10
238 127	58 094	174 736	51 521	63 049	475
45	44				
45	44				
485	485				
485	485				
175 637	20 669	151 081	111 466	34 899	
42 826	18 450	24 376	16 083	7 909	
125 213	2 154	119 172	89 550	25 657	
7 598	64	7 534	5 833	1 333	
15 640	2 104	13 536	4 342	7 303	
15		15			
15 386	1 936	13 450	4 329	7 303	
222	168	54	13		
17		17			
194	21	173	173		
23	21	1	1		
172		172	172		
40	38				
40	38				
6 489	52	6 437	4 157	2 280	
6 489	52	6 437	4 157	2 280	
128	47	67	24	28	
5		5			
56	10	32	4	28	
67	37	30	20		

6-5 资 产

单位：千元

分 布	资产总计	#流动资产	非流动资产	#固定资产净值	无形资产	当年形成用于科技活动的固定资产	#仪器和设备
总 计	510 999 336	310 122 194	200 877 142	95 126 490	15 309 094	955 974	678 853
按地区							
贵阳市	336 035 898	214 233 050	121 802 849	52 165 619	9 757 523	562 343	456 014
六盘水市	7 885 259	4 636 561	3 248 698	2 026 194	310 538	34 968	6 878
遵义市	59 575 752	40 751 073	18 824 678	13 257 152	1 938 348	102 416	94 725
安顺市	32 369 175	21 568 138	10 801 037	5 484 263	797 137	57 026	45 299
毕节市	19 328 348	4 743 075	14 585 273	9 940 931	430 261	4 637	4 333
铜仁市	23 296 269	9 042 697	14 253 571	4 530 591	606 408	68 454	61 767
黔西南布依族苗族自治州	5 709 724	1 591 441	4 118 283	2 403 526	302 560	2 642	824
黔东南苗族侗族自治州	6 733 513	3 997 671	2 735 842	1 632 266	407 123	115 978	3 184
黔南布依族苗族自治州	20 065 400	9 558 488	10 506 911	3 685 949	759 196	7 509	5 828
按隶属关系							
中央	185 466 440	124 233 253	61 233 188	34 881 883	3 335 173	509 072	424 589
地方	202 565 789	108 619 693	93 946 096	39 030 421	7 283 927	137 552	90 714
其他	122 967 107	77 269 248	45 697 858	21 214 185	4 689 993	309 351	163 551
按登记注册类型							
内资企业	502 302 117	306 237 536	196 064 581	92 796 363	14 868 280	944 200	668 946
国有企业	144 402 160	101 663 134	42 739 026	23 249 361	2 115 074	217 894	179 132
集体企业	655 697	458 951	196 746	86 992	12 955		
股份合作企业	549 733	393 493	156 240	116 127	21 035	300	
有限责任公司	205 434 465	126 474 114	78 960 350	36 248 004	8 469 686	532 512	337 066
股份有限公司	114 615 147	54 525 729	60 089 418	24 935 369	2 819 879	136 389	108 156
私营企业	36 607 082	22 692 041	13 915 042	8 153 573	1 429 652	57 087	44 574
其他	37 832	30 073	7 758	6 937		18	18
港、澳、台商投资企业	3 428 344	2 161 498	1 266 846	1 041 631	100 048	8 591	8 571
与港、澳、台商合资经营	1 134 905	542 941	591 964	442 022	40 777	8 039	8 019
港、澳、台商独资	908 408	664 815	243 593	243 593			
港、澳、台商投资股份有限公司	1 385 031	953 742	431 288	356 016	59 271	552	552
外商投资企业	5 268 875	1 723 159	3 545 716	1 288 496	340 765	3 183	1 336
中外合资经营企业	3 049 791	1 140 897	1 908 894	330 273	68 150	1 703	1 336
中外合作经营企业	1 875 602	456 775	1 418 827	958 211	76 582	1 480	
外资企业	343 483	125 488	217 995	12	196 033		

续 6-5

分 布	资产总计	#流动资产	非流动资产	#固定资产净值	无形资产	当年形成用于科技活动的固定资产	#仪器和设备
按控股类型							
国有	338 303 504	214 247 611	124 055 893	62 872 348	7 059 259	620 316	482 277
集体	14 913 891	8 877 242	6 036 649	4 022 947	934 699	20 645	20 645
私人	134 960 263	72 410 445	62 549 818	23 849 831	6 421 100	153 104	130 476
港、澳、台商	3 875 263	2 850 735	1 024 527	939 971	67 791	552	552
外商	468 331	218 606	249 725	19 791	202 819	1 098	834
其他	18 478 084	11 517 554	6 960 530	3 421 602	623 426	160 259	44 068
按企业所属技术领域							
电子与信息	41 835 749	30 926 438	10 909 312	3 451 895	939 383	85 747	84 568
生物、医药技术	37 910 095	22 505 441	15 404 654	5 571 661	1 652 648	38 533	35 564
新材料	94 595 881	43 375 650	51 220 231	22 794 592	3 215 265	109 253	69 606
光机电一体化	28 869 067	18 859 543	10 009 524	6 039 118	2 337 133	87 108	60 095
新能源、高效节能	51 776 932	25 683 163	26 093 769	16 870 703	917 756	23 187	21 971
环境保护	9 143 156	5 065 940	4 077 216	2 157 440	588 128	123 678	11 097
航空航天	62 359 064	41 249 853	21 109 211	14 236 452	1 847 095	407 702	334 720
地球、空间、海洋工程	3 337 735	1 005 437	2 332 298	1 186 181	105 738	1 843	
其他高技术	181 171 657	121 450 729	59 720 927	22 818 447	3 705 946	78 923	61 232
按高新技术领域							
电子信息	51 354 881	34 509 602	16 845 279	7 772 382	1 341 237	161 152	132 151
软件	12 339 339	7 844 864	4 494 475	807 469	501 025	29 217	25 162
微电子技术	3 953 959	3 119 209	834 750	441 495	70 065	6 443	6 351
计算机产品及网络应用技术	1 011 878	928 068	83 810	57 682	1 692	2 606	2 606
通讯技术	748 108	608 320	139 789	76 001	25 434	268	174
广播影视技术	1 385 860	1 222 290	163 571	64 857	86 412		
新型电子元器件	17 062 700	13 115 182	3 947 517	1 671 559	225 317	94 857	94 657
信息安全技术	551 418	453 776	97 642	24 036	51 273	3	3
智能交通和轨道交通技术	14 301 619	7 217 894	7 083 725	4 629 283	380 019	27 758	3 197
生物与新医药	43 437 885	25 037 777	18 400 107	6 054 319	1 796 254	40 832	35 092
医药生物技术	6 178 276	3 009 341	3 168 935	777 338	344 365	14 166	13 285
中药、天然药物	23 914 507	14 929 497	8 985 010	3 036 946	702 921	19 963	18 191
化学药研发技术	1 803 907	1 249 190	554 717	192 408	68 893	604	604
药物新剂型与制剂创新技术	1 622 157	1 096 469	525 688	212 905	46 625	940	940
医疗仪器、设备与医学专用软件	313 160	223 750	89 410	48 819	5 872	3 283	583

续 6-5

分布	资产总计	#流动资产	非流动资产	#固定资产净值	无形资产	当年形成用于科技活动的固定资产	#仪器和设备
轻工与化工生物技术	2 346 140	1 024 472	1 321 668	836 689	345 348	131	131
农业生物技术	7 259 738	3 505 058	3 754 679	949 212	282 232	1 745	1 358
航空航天	52 017 755	33 781 674	18 236 081	12 286 862	1 568 988	323 897	252 816
航空技术	42 563 364	25 965 332	16 598 031	10 984 144	1 481 077	246 004	198 019
航天技术	9 454 392	7 816 342	1 638 050	1 302 718	87 911	77 894	54 797
新材料	90 526 619	39 861 299	50 665 321	23 641 695	3 077 425	54 469	39 466
金属材料	36 629 550	16 843 294	19 786 256	9 926 104	1 348 747	21 989	8 815
无机非金属材料	26 116 651	10 520 915	15 595 736	4 534 121	553 568	8 176	7 930
高分子材料	13 250 133	9 280 416	3 969 717	1 865 935	701 037	14 246	12 814
生物医用材料	270 367	169 404	100 964	50 838	31 721	1 449	1 449
精细与专用化学品	14 254 401	3 046 267	11 208 135	7 261 410	441 504	8 609	8 458
与文化技术产业相关的新材料	5 517	1 003	4 514	3 287	849		
高技术服务	131 234 019	108 796 642	22 437 377	4 569 454	888 612	82 525	69 105
研发与设计服务	107 689 292	90 667 468	17 021 823	3 800 894	627 788	61 992	50 454
检验检测认证与标准服务	928 741	658 644	270 097	153 617	11 888	5 767	5 452
信息技术服务	7 411 403	5 378 846	2 032 557	291 502	73 792	2 447	2 097
高技术专业化服务	14 417 102	11 574 034	2 843 067	204 783	145 872	3 962	3 926
知识产权与成果转化服务	285 276	178 312	106 964	39 946	142	4 667	4 667
电子商务与物流服务技术	169 376	128 921	40 455	33 196	2 151	3 246	2 508
城市管理与社会服务	191 588	150 985	40 603	29 223	16 687	383	
文化创意产业支撑技术	141 241	59 431	81 811	16 294	10 293	60	
新能源与节能	21 609 587	6 463 671	15 145 916	10 484 133	297 619	24 414	24 369
可再生清洁能源	146 480	115 671	30 810	11 090	1 516		
新型高效能量转换与存储技术	2 840 950	1 826 825	1 014 125	594 981	107 884	23 509	23 509
高效节能技术	18 622 157	4 521 175	14 100 982	9 878 061	188 219	905	860
资源与环境	61 229 124	22 882 508	38 346 616	18 897 175	2 751 896	154 048	35 639
水污染控制与水资源利用技术	2 939 677	1 808 486	1 131 190	277 034	268 274	147	147
大气污染控制技术	335 985	169 217	166 768	100 029	10 765		
固体废弃物处置与综合利用技术	7 327 063	3 861 955	3 465 108	2 235 861	448 289	10 569	10 105
环境监测及环境事故应急处置技术	71 925	60 711	11 214	8 193	6	300	
生态环境建设与保护技术	506 789	422 928	83 860	12 584	16 117	239	96
清洁生产技术	8 951 034	4 157 179	4 793 855	4 348 658	231 538	133 288	17 266

续 6-5

分 布	资产总计	#流动资产	非流动资产	#固定资产净值	无形资产	当年形成用于科技活动的固定资产	#仪器和设备
资源勘查、高效开采与综合利用技术	41 096 653	12 402 032	28 694 621	11 914 817	1 776 906	9 505	8 025
先进制造与自动化	59 589 466	38 789 021	20 800 445	11 420 471	3 587 062	114 637	90 216
工业生产过程控制系统	712 440	550 657	161 783	128 039	14 975		
安全生产技术	2 830 083	1 566 891	1 263 192	856 061	163 367		
高性能、智能化仪器仪表	792 836	591 427	201 409	94 090	27 405	1 365	1 101
先进制造工艺与设备	2 708 488	1 820 412	888 076	480 850	175 569	14 221	8 016
新型机械	21 914 988	15 786 448	6 128 540	3 914 744	713 359	59 378	42 043
电力系统与设备	5 415 024	3 937 758	1 477 266	881 506	124 868	9 921	9 879
汽车及轨道车辆相关技术	22 082 464	12 817 869	9 264 595	4 255 219	2 296 582	21 567	21 392
传统文化产业改造技术	3 133 143	1 717 558	1 415 585	809 961	70 937	8 185	7 785
按国民经济行业							
农、林、牧、渔业	737 812	349 363	388 449	110 849	32 780		
农业	528 180	212 158	316 022	67 718	26 135		
林业	98 496	77 128	21 368	16 918	3 164		
渔业	5 609	500	5 110	3 041	142		
农、林、牧、渔专业及辅助性活动	105 527	59 578	45 950	23 171	3 339		
采矿业	11 663 186	1 972 876	9 690 309	5 041 165	471 102	1 480	
煤炭开采和洗选业	22 913	17 098	5 815	151			
石油和天然气开采	97 354	23 594	73 760	15 148			
黑色金属矿采选业	39 780	35 964	3 816	3 664	152		
有色金属矿采选业	4 959 020	1 012 567	3 946 453	2 129 783	313 776	1 480	
非金属矿采选业	6 192 093	614 304	5 577 789	2 839 130	127 787		
其他采矿业	352 026	269 350	82 676	53 289	29 387		
制造业	328 524 393	178 845 136	149 679 258	75 134 762	13 171 780	854 200	592 669
农副食品加工业	493 906	396 499	97 407	77 807	16 266	514	514
食品制造业	594 572	155 984	438 588	80 919	297 312		
纺织业	645 702	303 493	342 209	255 386	47 878		
纺织服装、服饰业	238 946	104 317	134 629	111 788	142	111 788	
皮革、毛皮、羽毛及其制品和制鞋业	1 190 254	958 167	232 087	110 656	48 992		
木材加工和木、竹、藤、棕、草制品业	941 873	439 646	502 227	329 470	89 823	250	220

续 6-5

分布	资产总计	#流动资产	非流动资产	#固定资产净值	无形资产	当年形成用于科技活动的固定资产	#仪器和设备
家具制造业	487 243	213 718	273 524	196 689	33 660	310	298
造纸和纸制品业	4 841 140	2 547 913	2 293 227	2 173 319	49 166	8 488	4 254
印刷和记录媒介复制业	3 400 293	1 765 902	1 634 392	961 799	85 703	8 185	7 785
文教、美工、体育和娱乐用品制造业	210 198	172 990	37 208	20 690	8 265	27	27
石油、煤炭及其他燃料加工业	14 233	12 911	1 322	1 322			
化学原料和化学制品制造业	59 475 759	20 683 650	38 792 109	18 161 912	2 317 416	26 139	25 317
医药制造业	35 292 180	20 756 437	14 535 743	5 133 399	1 367 273	36 335	32 837
化学纤维制造业	24 148	20 254	3 894	789	274		
橡胶和塑料制品业	16 870 951	8 491 919	8 379 032	5 497 521	564 375	37 935	13 036
非金属矿物制品业	10 345 789	5 385 848	4 959 941	2 574 634	770 101	6 604	6 210
黑色金属冶炼和压延加工业	12 598 309	6 092 483	6 505 826	1 061 529	351 637	8 858	8 858
有色金属冶炼和压延加工业	18 156 066	6 661 519	11 494 547	8 533 394	787 345	14 347	1 173
金属制品业	9 335 685	6 421 315	2 914 369	1 147 510	360 777	14 501	14 431
通用设备制造业	9 795 873	7 018 526	2 777 347	1 616 675	291 145	27 172	26 311
专用设备制造业	9 764 983	6 935 356	2 829 627	1 841 893	513 372	25 308	6 861
汽车制造业	20 858 474	12 047 208	8 811 266	4 303 602	2 352 227	17 742	17 567
铁路、船舶、航空航天和其他运输设备制造业	55 256 074	35 754 511	19 501 563	12 445 845	1 675 264	316 504	239 217
电器机械和器材制造业	12 232 589	8 536 709	3 695 880	1 847 691	396 427	75 899	75 884
计算机、通信和其他电子设备制造业	39 018 450	22 817 142	16 201 308	4 953 589	473 875	111 435	106 396
仪器仪表制造业	1 154 491	885 551	268 940	123 037	44 881	1 527	1 159
其他制造业	3 232 280	2 328 053	904 227	631 488	26 932	4 334	4 314
废弃资源综合利用业	2 053 935	937 114	1 116 821	940 411	201 254		
电力、热力、燃气及水生产和供应业	16 242 050	2 889 209	13 352 840	9 495 190	51 766		
电力、热力生产和供应业	15 768 240	2 650 836	13 117 404	9 355 931	49 924		
燃气生产和供应业	194 620	67 368	127 252	116 839	1 807		
水的生产和供应业	279 189	171 006	108 184	22 420	35		
建筑业	94 739 777	85 781 990	8 957 787	1 062 237	181 687	9 688	2 783
房屋建筑业	25 633 932	25 155 602	478 331	113 946	6 057		
土木工程建筑业	44 947 099	38 283 558	6 663 541	475 970	124 646	8 418	1 513
建筑安装业	12 583 509	11 244 748	1 338 761	339 954	46 252	100	100

续 6-5

分　布	资产总计	#流动资产	非流动资产	#固定资产净值	无形资产	当年形成用于科技活动的固定资产	#仪器和设备
建筑装饰、装修和其他建筑业	11 575 237	11 098 083	477 154	132 367	4 732	1 170	1 170
批发和零售业	276 138	221 902	54 236	7 913	35 327	78	4
批发业	110 121	98 032	12 089	7 447	45	78	4
零售业	166 017	123 870	42 147	467	35 282		
交通运输、仓储和邮政业	143 910	104 749	39 161	32 614	1 682	3 246	2 508
道路运输业	143 910	104 749	39 161	32 614	1 682	3 246	2 508
信息传输、软件和信息技术服务业	23 140 143	15 996 825	7 143 318	1 114 904	656 003	9 098	8 208
电信、广播电视和卫星传输服务	2 247 540	635 617	1 611 924	127 598	1 384	136	136
互联网和相关服务	3 555 528	2 236 882	1 318 645	280 174	127 564	3 078	2 728
软件和信息技术服务业	17 337 075	13 124 325	4 212 749	707 132	527 054	5 884	5 344
房地产业	467	216	251	1			
房地产业务业	467	216	251	1			
租赁和商业服务业	122 213	111 655	10 558	6 231	21		
商业服务业	122 213	111 655	10 558	6 231	21		
科学研究与技术服务业	33 065 756	22 287 300	10 778 455	2 957 007	482 480	71 510	66 526
研究和试验发展	5 267 555	3 603 216	1 664 339	680 116	127 624	45 918	45 918
专业技术服务业	27 014 571	18 081 019	8 933 552	2 150 266	338 305	25 425	20 441
科技推广和应用服务业	783 629	603 065	180 564	126 625	16 551	167	167
水利、环境和公共设施管理业	1 872 425	1 214 060	658 364	97 770	206 372	4 810	4 367
水利管理业	198 314	148 590	49 724	20 748	527		
生态保护和环境治理业	1 639 995	1 035 322	604 673	73 446	205 845	4 810	4 367
公共设施管理	22 982	19 238	3 744	3 484			
土地管理业	11 134	10 910	224	92			
居民服务、修理和其他服务业	40 877	35 093	5 784	5 342			
居民服务业	15 624	15 569	54	54			
其他服务业	25 253	19 524	5 730	5 288			
教育	38 529	16 090	22 438	265	17 961		
教育	38 529	16 090	22 438	265	17 961		
卫生和社会工作	346 198	255 090	91 108	56 366	133	1 804	1 789
卫生	346 198	255 090	91 108	56 366	133	1 804	1 789
文化、体育和娱乐业	45 462	40 638	4 824	3 874		60	
新闻和出版业	12 454	10 420	2 034	1 249			
广播、电视、电影和录音制作业	11 282	11 175	107	107			
文化艺术业	20 943	18 260	2 683	2 518		60	
娱乐业	783	783					

6-6 从业人员

单位:人

分布	年末从业人员	#当年吸纳高校应届毕业生	学历(学位)			
			#博士	硕士	本科	大专
总　计	221 772	7 203	451	6 896	63 707	49 583
按地区						
贵阳市	134 554	5 043	288	5 736	46 137	31 286
六盘水市	5 148	52	5	27	623	919
遵义市	31 843	812	45	637	7 071	6 883
安顺市	18 366	473	44	212	4 712	5 230
毕节市	3 346	58	8	32	691	582
铜仁市	7 328	438	19	93	1 005	793
黔西南布依族苗族自治州	3 444	54	11	24	538	599
黔东南苗族侗族自治州	6 210	65	19	28	658	1 147
黔南布依族苗族自治州	11 533	208	12	107	2 272	2 144
按隶属关系						
中央	74 950	3 110	106	3 896	26 071	18 021
地方	69 705	1 819	134	1 216	16 523	14 989
其他	77 117	2 274	211	1 784	21 113	16 573
按登记注册类型						
内资企业	218 208	7 164	450	6 859	63 263	49 028
国有企业	53 106	1 889	72	1 865	18 567	12 165
集体企业	301			4	80	113
股份合作企业	286	1		3	51	83
有限责任公司	89 736	2 985	225	3 367	26 521	19 826
股份有限公司	42 799	1 271	63	1 096	9 941	8 851
私营企业	31 766	1 018	90	524	8 086	7 982
其他	214				17	8
港、澳、台商投资企业	1 736	33	1	10	208	347
与港、澳、台商合资经营	943	32		8	129	174
港、澳、台商独资	72				6	11
港、澳、台商投资股份有限公司	721	1	1	2	73	162
外商投资企业	1 828	6		27	236	208
中外合资经营企业	699	2		16	94	53
中外合作经营企业	1 101	4		9	138	143
外资企业	28			2	4	12

续 6-6

分 布	年末从业人员	#当年吸纳高校应届毕业生	学历(学位)			
			#博士	硕士	本科	大专
按控股类型						
国有	120 186	3 938	172	4 982	37 065	26 632
集体	3 417	169	1	46	878	915
私人	83 468	2 828	247	1 698	22 651	19 578
港、澳、台商	2 291	1	1	3	131	279
外商	141	1		9	31	41
其他	12 269	266	30	158	2 951	2 138
按企业所属技术领域						
电子与信息	32 119	1 178	120	1 050	12 622	8 012
生物、医药技术	19 072	486	48	316	5 394	4 687
新材料	41 204	876	87	466	5 227	6 616
光机电一体化	19 353	654	22	296	4 914	4 747
新能源、高效节能	10 237	257	7	60	2 345	2 369
环境保护	8 318	189	19	133	1 720	1 144
航空航天	34 540	1 523	79	1 809	11 027	9 883
地球、空间、海洋工程	1 711	7		35	369	272
其他高技术	55 218	2 033	69	2 731	20 089	11 853
按高新技术领域						
电子信息	34 829	1 225	113	1 163	11 035	7 894
软件	11 457	567	66	431	6 234	3 312
微电子技术	2 702	141	13	111	928	701
计算机产品及网络应用技术	1 480	25	6	9	164	194
通讯技术	985	8	2	21	294	261
广播影视技术	1 659	5		1	102	145
新型电子元器件	8 892	225	15	514	2 088	1 852
信息安全技术	855	98	8	16	403	287
智能交通和轨道交通技术	6 799	156	3	60	822	1 142
生物与新医药	19 748	513	48	351	5 736	4 929
医药生物技术	5 026	162	10	75	1 268	1 635
中药、天然药物	9 599	187	21	166	3 023	1 908
化学药研发技术	628	14		12	184	166
药物新剂型与制剂创新技术	894	4	3	15	256	291
医疗仪器、设备与医学专用软件	544	31	3	12	249	165

续 6－6

分　布	年末从业人员	#当年吸纳高校应届毕业生	学历(学位)			
			#博士	硕士	本科	大专
轻工与化工生物技术	1 245	19	1	13	254	305
农业生物技术	1 812	96	10	58	502	459
航空航天	28 162	1 288	62	1 188	8 925	8 604
航空技术	23 120	1 049	29	603	6 899	7 685
航天技术	5 042	239	33	585	2 026	919
新材料	35 746	761	65	432	5 106	6 326
金属材料	14 351	215	5	133	2 144	2 701
无机非金属材料	8 409	387	19	98	1 025	1 008
高分子材料	7 849	133	28	126	1 141	1 577
生物医用材料	540	3	2	4	84	83
精细与专用化学品	4 586	23	11	71	711	955
与文化技术产业相关的新材料	11				1	2
高技术服务	38 479	1 927	86	2 896	18 875	8 584
研发与设计服务	26 468	1 341	49	2 374	12 949	5 278
检验检测认证与标准服务	1 950	121	5	103	849	634
信息技术服务	5 252	349	21	195	2 992	1 537
高技术专业化服务	3 551	71	10	198	1 533	870
知识产权与成果转化服务	407	11	1	14	254	95
电子商务与物流服务技术	116	4			41	21
城市管理与社会服务	369	26		11	212	90
文化创意产业支撑技术	366	4		1	45	59
新能源与节能	5 460	64	6	26	818	907
可再生清洁能源	139	1		1	39	58
新型高效能量转换与存储技术	2 974	3	3	9	233	332
高效节能技术	2 347	60	3	16	546	517
资源与环境	21 786	427	44	269	4 112	4 295
水污染控制与水资源利用技术	1 490	44	14	35	410	313
大气污染控制技术	230		2	6	17	41
固体废弃物处置与综合利用技术	5 354	79	20	42	761	813
环境监测及环境事故应急处置技术	342	27	1	24	218	60
生态环境建设与保护技术	276	5	3	20	171	52
清洁生产技术	4 747	139		16	551	929

续 6-6

分 布	年末从业人员	#当年吸纳高校应届毕业生	学历(学位)			
			#博士	硕士	本科	大专
资源勘查、高效开采与综合利用技术	9 347	133	4	126	1 984	2 087
先进制造与自动化	37 562	998	27	571	9 100	8 044
工业生产过程控制系统	371	20	7	33	148	104
安全生产技术	1 146	3	2	7	135	125
高性能、智能化仪器仪表	981	31	1	12	237	282
先进制造工艺与设备	3 356	57	7	25	749	852
新型机械	15 602	402	4	288	4 051	3 409
电力系统与设备	3 613	105	3	54	1 027	772
汽车及轨道车辆相关技术	10 494	355	3	149	2 528	2 241
传统文化产业改造技术	1 999	25		3	225	259
按国民经济行业						
农、林、牧、渔业	367	12	3	7	76	66
农业	135			3	30	32
林业	99	11	2	3	14	12
渔业	6		1		2	
农、林、牧、渔专业及辅助性活动	127	1		1	30	22
采矿业	4 103	34		28	531	729
煤炭开采和洗选业	30				12	18
石油和天然气开采	26			2	7	17
黑色金属矿采选业	78				22	17
有色金属矿采选业	2 120	34		18	306	283
非金属矿采选业	1 618			8	179	381
其他采矿业	231				5	13
制造业	161 444	4 370	245	3 237	34 730	35 111
农副食品加工业	454	38	4	4	55	157
食品制造业	142			2	42	42
纺织业	843	2			47	38
纺织服装、服饰业	1 498				19	58
皮革、毛皮、羽毛及其制品和制鞋业	848	14	5	2	28	159
木材加工和木、竹、藤、棕、草制品业	179		2	2	28	62
家具制造业	746	1		9	116	89
造纸和纸制品业	985	25		3	156	493

续 6-6

分布	年末从业人员	#当年吸纳高校应届毕业生	学历(学位)			
			#博士	硕士	本科	大专
印刷和记录媒介复制业	2 409	20		3	196	292
文教、美工、体育和娱乐用品制造业	657	17		3	88	89
石油、煤炭及其他燃料加工业	19				5	11
化学原料和化学制品制造业	16 424	285	32	248	3 137	3 318
医药制造业	18 116	427	28	272	4 972	4 409
化学纤维制造业	27		1	2	3	1
橡胶和塑料制品业	9 349	171	21	111	874	1 619
非金属矿物制品业	6 994	66	12	35	766	968
黑色金属冶炼和压延加工业	3 001	104	1	41	491	424
有色金属冶炼和压延加工业	6 553	61	5	36	827	1 007
金属制品业	7 473	93	2	70	1 250	1 769
通用设备制造业	9 333	295	3	119	2 091	2 322
专用设备制造业	5 924	120	11	132	1 394	1 150
汽车制造业	10 472	354	3	151	2 538	2 268
铁路、船舶、航空航天和其他运输设备制造业	29 796	1 311	57	1 176	9 233	8 805
电器机械和器材制造业	9 481	151	14	227	1 885	1 838
计算机、通信和其他电子设备制造业	16 036	684	37	483	3 477	3 060
仪器仪表制造业	1 243	49	3	26	409	337
其他制造业	1 414	45	4	73	428	264
废弃资源综合利用业	1 028	37		7	175	62
电力、热力、燃气及水生产和供应业	744	30	4	25	297	175
电力、热力生产和供应业	516	21	1	6	196	101
燃气生产和供应业	76			1	26	27
水的生产和供应业	152	9	3	18	75	47
建筑业	18 683	1 087	20	269	9 290	4 487
房屋建筑业	3 050	110	1	44	1 561	853
土木工程建筑业	9 423	470	6	132	4 589	2 175
建筑安装业	3 322	413	2	72	1 835	634
建筑装饰、装修和其他建筑业	2 888	94	11	21	1 305	825
批发和零售业	351	6	2	7	120	138
批发业	222	4	1	5	80	63
零售业	129	2	1	2	40	75

续 6-6

分 布	年末从业人员	#当年吸纳高校应届毕业生	学历(学位)			
			#博士	硕士	本科	大专
交通运输、仓储和邮政业	71				12	8
道路运输业	71				12	8
信息传输、软件和信息技术服务业	19 152	998	101	722	10 457	5 411
电信、广播电视和卫星传输服务	770	33	1	58	375	133
互联网和相关服务	4 033	180	8	124	1 906	1 001
软件和信息技术服务业	14 349	785	92	540	8 176	4 277
房地产业	12				7	5
房地产业务业	12				7	5
租赁和商业服务业	230	2		2	65	123
商业服务业	230	2		2	65	123
科学研究与技术服务业	14 299	607	68	2 532	7 211	2 743
研究和试验发展	2 381	130	20	522	1 112	381
专业技术服务业	11 271	441	36	1 927	5 668	2 270
科技推广和应用服务业	647	36	12	83	431	92
水利、环境和公共设施管理业	1 319	27	3	45	486	301
水利管理业	133			13	81	25
生态保护和环境治理业	1 126	27	3	32	376	257
公共设施管理	41				16	14
土地管理业	19				13	5
居民服务、修理和其他服务业	112	1		2	33	28
居民服务业	29				12	5
其他服务业	83	1		2	21	23
教育	67			2	5	42	18
教育	67			2	5	42	18
卫生和社会工作	692	26	3	13	291	204
卫生	692	26	3	13	291	204
文化、体育和娱乐业	126	3		2	59	36
新闻和出版业	20				8	8
广播、电视、电影和录音制作业	30	3			22	8
文化艺术业	64			2	24	13
娱乐业	12				5	7

6-7 科技活动人员

单位:人

分布	科技活动人员	#科技管理和服务人员	#全职人员	#本科毕业及以上人员	#外聘人员
总 计	49 416	4 814	32 291	31 874	1 098
按地区					
贵阳市	32 454	3 216	22 173	22 807	496
六盘水市	1 035	80	731	480	26
遵义市	6 715	616	3 590	3 824	94
安顺市	3 625	341	2 426	2 156	66
毕节市	558	53	370	323	27
铜仁市	1 030	111	638	407	16
黔西南布依族苗族自治州	664	67	415	357	4
黔东南苗族侗族自治州	930	90	574	381	17
黔南布依族苗族自治州	2 405	240	1 374	1 139	352
按隶属关系					
中央	16 536	1 404	10 621	12 912	195
地方	14 634	1 684	8 908	8 012	206
其他	18 246	1 726	12 762	10 950	697
按登记注册类型					
内资企业	48 933	4 770	32 072	31 646	1 090
国有企业	11 445	977	7 294	8 714	175
集体企业	72	9	46	38	1
股份合作企业	85	10	56	34	3
有限责任公司	20 712	1 823	13 460	13 541	545
股份有限公司	8 135	1 047	5 422	4 604	74
私营企业	8 456	901	5 769	4 702	291
其他	28	3	25	13	1
港、澳、台商投资企业	218	23	139	91	6
与港、澳、台商合资经营	124	13	82	51	
港、澳、台商独资	6		4	1	
港、澳、台商投资股份有限公司	88	10	53	39	6
外商投资企业	265	21	80	137	2
中外合资经营企业	124	12	71	75	2
中外合作经营企业	129	7	5	58	
外资企业	12	2	4	4	

续 6-7

分 布	科技活动人员	#科技管理和服务人员	#全职人员	#本科毕业及以上人员	#外聘人员
按控股类型					
国有	25 646	2 425	15 639	18 313	236
集体	663	70	408	372	8
私人	20 174	2 025	14 129	11 538	796
港、澳、台商	225	16	137	56	6
外商	44	9	33	27	2
其他	2 664	269	1 945	1 568	50
按企业所属技术领域					
电子与信息	10 215	974	7 403	7 177	558
生物、医药技术	3 330	297	2 135	1 933	54
新材料	7 631	1 111	4 554	3 101	89
光机电一体化	4 119	424	2 963	2 764	77
新能源、高效节能	1 683	183	1 142	1 069	41
环境保护	1 871	184	1 293	957	59
航空航天	8 154	692	5 943	6 359	39
地球、空间、海洋工程	321	37	101	160	
其他高技术	12 092	912	6 757	8 354	181
按高新技术领域					
电子信息	10 353	1 319	7 481	6 905	194
软件	5 243	484	4 107	3 867	133
微电子技术	687	47	380	420	14
计算机产品及网络应用技术	265	26	150	106	15
通讯技术	368	66	294	243	16
广播影视技术	73	7	63	37	3
新型电子元器件	1 969	200	1 502	1 455	3
信息安全技术	372	32	204	230	10
智能交通和轨道交通技术	1 376	457	781	547	
生物与新医药	3 442	324	2 245	2 025	57
医药生物技术	624	23	409	296	5
中药、天然药物	1 551	152	1 135	1 136	18
化学药研发技术	113	33	85	63	1
药物新剂型与制剂创新技术	472	28	179	139	5
医疗仪器、设备与医学专用软件	89	9	62	53	16

续 6-7

分 布	科技活动人员	#科技管理和服务人员	#全职人员	#本科毕业及以上人员	#外聘人员
轻工与化工生物技术	230	25	143	112	1
农业生物技术	363	54	232	226	11
航空航天	6 100	575	4 512	4 693	31
航空技术	4 528	424	3 264	3 355	29
航天技术	1 572	151	1 248	1 338	2
新材料	6 753	678	4 074	2 929	99
金属材料	2 862	260	1 612	1 270	15
无机非金属材料	1 338	133	822	489	17
高分子材料	1 787	209	1 256	719	59
生物医用材料	121	10	92	83	2
精细与专用化学品	640	65	289	367	6
与文化技术产业相关的新材料	5	1	3	1	
高技术服务	10 516	760	6 033	8 064	534
研发与设计服务	6 607	397	3 324	5 368	147
检验检测认证与标准服务	505	63	388	379	11
信息技术服务	1 976	167	1 278	1 312	359
高技术专业化服务	1 055	101	758	694	10
知识产权与成果转化服务	93	3	80	82	7
电子商务与物流服务技术	34	4	29	24	
城市管理与社会服务	184	17	138	167	
文化创意产业支撑技术	62	8	38	38	
新能源与节能	969	86	626	379	22
可再生清洁能源	38	2	16	21	2
新型高效能量转换与存储技术	422	33	283	84	3
高效节能技术	509	51	327	274	17
资源与环境	3 847	311	2 304	2 113	62
水污染控制与水资源利用技术	413	41	328	273	16
大气污染控制技术	46	4	40	15	4
固体废弃物处置与综合利用技术	1 053	91	668	469	31
环境监测及环境事故应急处置技术	138	13	122	113	2
生态环境建设与保护技术	111	15	72	78	9
清洁生产技术	651	53	294	260	
资源勘查、高效开采与综合利用技术	1 435	94	780	905	

续 6-7

分布	科技活动人员	#科技管理和服务人员	#全职人员	#本科毕业及以上人员	#外聘人员
先进制造与自动化	7 436	761	5 016	4 766	99
工业生产过程控制系统	172	17	109	125	3
安全生产技术	235	20	158	81	
高性能、智能化仪器仪表	214	27	137	148	4
先进制造工艺与设备	710	92	491	382	15
新型机械	3 338	309	2 073	2 287	42
电力系统与设备	935	80	730	632	7
汽车及轨道车辆相关技术	1 507	186	1 061	1 022	21
传统文化产业改造技术	325	30	257	89	7
按国民经济行业					
农、林、牧、渔业	88	9	59	46	4
农业	36	3	23	13	
林业	24	3	15	15	3
渔业	3		2	1	1
农、林、牧、渔专业及辅助性活动	25	3	19	17	
采矿业	807	53	459	416	
煤炭开采和洗选业	13	2	13	7	
石油和天然气开采	6	1	5	6	
黑色金属矿采选业	23		10	20	
有色金属矿采选业	409	35	174	204	
非金属矿采选业	333	15	234	174	
其他采矿业	23		23	5	
制造业	30 573	3 262	20 242	17 961	331
农副食品加工业	85	12	49	38	2
食品制造业	38	4	28	23	
纺织业	98	12	65	28	
纺织服装、服饰业	181	18	125	19	
皮革、毛皮、羽毛及其制品和制鞋业	133	15	96	32	7
木材加工和木、竹、藤、棕、草制品业	54	5	23	26	1
家具制造业	106	13	85	72	1
造纸和纸制品业	167	12	45	94	
印刷和记录媒介复制业	273	30	184	68	9
文教、美工、体育和娱乐用品制造业	155	12	130	37	5

续 6-7

分布	科技活动人员	#科技管理和服务人员	#全职人员	#本科毕业及以上人员	#外聘人员
石油、煤炭及其他燃料加工业	10	2	5	5	
化学原料和化学制品制造业	2 492	218	1 304	1 339	28
医药制造业	3 246	287	2 244	1 748	20
化学纤维制造业	13	1	9	6	3
橡胶和塑料制品业	1 872	515	1 110	710	50
非金属矿物制品业	1 254	139	779	513	21
黑色金属冶炼和压延加工业	555	42	366	282	7
有色金属冶炼和压延加工业	1 271	114	772	581	9
金属制品业	1 554	133	820	712	5
通用设备制造业	2 046	227	1 227	1 226	24
专用设备制造业	1 302	129	933	869	31
汽车制造业	1 451	170	1 036	1 037	11
铁路、船舶、航空航天和其他运输设备制造业	6 567	586	4 725	4 892	41
电器机械和器材制造业	2 043	195	1 552	1 124	20
计算机、通信和其他电子设备制造业	2 753	271	1 949	1 876	20
仪器仪表制造业	350	39	239	261	8
其他制造业	369	47	246	286	8
废弃资源综合利用业	135	14	96	57	
电力、热力、燃气及水生产和供应业	167	18	119	128	13
电力、热力生产和供应业	97	10	64	69	11
燃气生产和供应业	17	2	15	16	2
水的生产和供应业	53	6	40	43	
建筑业	3 671	312	1 709	2 657	131
房屋建筑业	525	12	85	342	
土木工程建筑业	1 917	154	850	1 513	
建筑安装业	785	89	471	545	20
建筑装饰、装修和其他建筑业	444	57	303	257	111
批发和零售业	146	12	81	82	5
批发业	74	3	43	49	5
零售业	72	9	38	33	
交通运输、仓储和邮政业	12	1	10	7	

续 6-7

分　布	科技活动人员	#科技管理和服务人员	#全职人员	#本科毕业及以上人员	#外聘人员
道路运输业	12	1	10	7	
信息传输、软件和信息技术服务业	8 172	777	6 028	5 892	538
电信、广播电视和卫星传输服务	277	24	206	191	10
互联网和相关服务	1 305	149	968	884	17
软件和信息技术服务业	6 590	604	4 854	4 817	511
房地产业	7	1	4	6	1
房地产业务业	7	1	4	6	1
租赁和商业服务业	37	1	18	19	
商业服务业	37	1	18	19	
科学研究与技术服务业	5 061	298	3 068	4 193	25
研究和试验发展	1 081	66	830	961	1
专业技术服务业	3 785	215	2 083	3 059	21
科技推广和应用服务业	195	17	155	173	3
水利、环境和公共设施管理业	480	51	347	315	35
水利管理业	47	6	47	36	
生态保护和环境治理业	408	42	280	259	35
公共设施管理	15	1	12	11	
土地管理业	10	2	8	9	
居民服务、修理和其他服务业	21	2	19	18	
居民服务业	7	1	5	5	
其他服务业	14	1	14	13	
教育	45	2	40	29	1
教育	45	2	40	29	1
卫生和社会工作	74	7	51	63	12
卫生	74	7	51	63	12
文化、体育和娱乐业	55	8	37	42	2
新闻和出版业	8	1	7	5	
广播、电视、电影和录音制作业	15	2	9	13	
文化艺术业	27	4	16	19	2
娱乐业	5	1	5	5	

6-8 科技活动经费

分 布	科技活动经费支出	#政府资金	人员人工费	直接投入费用	折旧费用与长期费用摊销	无形资产摊销	设计费用
总 计	14 192 911	1 185 581	4 202 308	7 158 443	611 545	90 416	170 396
按地区							
贵阳市	9 697 727	1 086 152	3 057 326	4 454 041	419 296	67 589	115 492
六盘水市	326 191	2 086	76 706	181 498	22 011	1 690	390
遵义市	1 812 489	62 367	493 249	1 139 963	50 335	6 069	32 320
安顺市	735 021	31 994	193 814	330 411	28 302	9 270	15 892
毕节市	187 753	510	45 562	111 356	25 204	6	1 518
铜仁市	542 311	1 074	70 461	443 385	12 313	701	92
黔西南布依族苗族自治州	159 851		53 839	79 888	11 177	1 661	902
黔东南苗族侗族自治州	185 556	1 030	56 004	111 282	9 413	1 221	879
黔南布依族苗族自治州	546 013	369	155 346	306 618	33 496	2 210	2 911
按隶属关系							
中央	6 246 797	1 078 483	1 756 520	3 295 095	192 455	13 262	94 737
地方	4 161 993	40 988	1 062 968	2 217 254	190 218	47 825	48 878
其他	3 784 121	66 110	1 382 819	1 646 094	228 872	29 329	26 781
按登记注册类型							
内资企业	13 960 959	1 185 465	4 156 449	7 034 118	560 011	90 416	170 263
国有企业	3 803 876	156 319	1 173 050	2 114 545	91 810	8 601	20 741
集体企业	19 364		7 202	9 246	222		895
股份合作企业	28 757	100	5 538	21 671	1 181		
有限责任公司	6 447 873	973 850	1 834 427	3 227 577	317 861	22 897	96 929
股份有限公司	2 223 314	34 673	644 474	972 867	84 454	22 009	36 191
私营企业	1 433 338	20 523	490 164	686 316	64 044	36 910	15 496
其他	4 435		1 595	1 897	439		10
港、澳、台商投资企业	123 220	116	20 082	51 161	47 435		133
与港、澳、台商合资经营	29 184	116	9 235	15 364	2 580		133
港、澳、台商独资	43 477		813	2 161	40 124		
港、澳、台商投资股份有限公司	50 559		10 034	33 635	4 731		
外商投资企业	108 732		25 777	73 165	4 099		
中外合资经营企业	59 407		12 889	44 466	1 450		
中外合作经营企业	46 658		12 446	27 017	2 131		

单位:千元

装备调试费用与试验费用	委托外单位开展科技活动费用					其他费用
		#对境内研究机构	对境内高等学校	对境内企业	对境外支出	
372 258	1 026 340	90 243	35 310	829 910	719	561 204
257 902	939 795	72 093	24 416	772 865	719	386 286
32 192	9	9				11 695
26 077	32 495	13 985	4 866	13 644		31 981
39 210	18 433	809	1 155	16 193		99 687
65	838	80	450	308		3 204
6 192	3 116	1 022	1 084	830		6 051
4 895	4 538	1 001	881	2 656		2 951
1 530	2 436	858	388	1 190		2 791
4 194	24 680	386	2 070	22 224		16 559
165 542	417 054	63 975	23 304	327 810	128	312 132
121 304	406 556	3 153	7 276	359 507	591	66 990
85 412	202 731	23 116	4 730	142 593		182 081
371 358	1 020 505	89 243	33 931	826 454	719	557 838
86 059	119 737	14 699	9 037	93 573	591	189 333
980	6			6		813
88						280
146 247	617 016	58 664	15 850	504 571	128	184 920
110 935	208 865	6 830	6 799	195 235		143 520
26 620	74 882	9 050	2 245	33 069		38 906
428						66
853	1 300		500	800		2 257
294	1 300		500	800		278
						379
559						1 600
47	4 535	1 000	879	2 656		1 109
47						555
	4 535	1 000	879	2 656		529

续 6－8

分　布	科技活动经费支出	#政府资金	人员人工费	直接投入费用	折旧费用与长期费用摊销	无形资产摊销	设计费用
外资企业	2 667		442	1 682	518		
控股类型							
国有	8 983 336	1 115 421	2 493 303	4 857 687	332 350	23 118	122 585
集体	214 817	753	55 830	98 726	30 473	1 664	9 858
私人	4 193 497	65 221	1 316 188	1 916 044	168 378	61 149	29 316
港、澳、台商	156 094		21 337	86 536	45 683		
外商	7 625	36	3 057	2 452	599		
其他	637 541	4 151	312 592	196 998	34 063	4 485	8 638
按企业所属技术领域							
电子与信息	2 039 548	142 843	884 887	469 602	102 260	18 170	41 790
生物、医药技术	824 210	16 458	219 293	325 900	34 667	11 509	4 087
新材料	2 354 473	11 341	466 346	1 599 565	101 271	7 002	27 136
光机电一体化	1 166 994	38 742	329 932	467 113	28 727	4 636	8 032
新能源、高效节能	756 244	3 587	164 864	434 164	28 376	1 123	12 093
环境保护	355 403	9 134	125 440	173 385	29 642	1 345	2 507
航空航天	2 985 418	930 149	793 770	1 691 526	70 286	5 747	65 295
地球、空间、海洋工程	80 377	2 666	25 735	45 079	2 962	13	20
其他高技术	3 630 242	30 662	1 192 041	1 952 109	213 356	40 869	9 435
按高新技术领域							
电子信息	2 072 994	170 449	850 962	545 577	111 629	15 179	78 190
软件	824 003	37 795	517 515	130 816	31 977	4 516	5 628
微电子技术	219 946	60 531	48 514	74 894	9 563	5 598	25 257
计算机产品及网络应用技术	45 586	300	15 619	25 276	2 101	144	333
通讯技术	51 544	2 320	33 012	7 196	835	710	2 889
广播影视技术	13 038		6 249	4 375	874		924
新型电子元器件	640 149	68 558	143 160	195 091	57 579	470	22 676
信息安全技术	40 108	170	24 530	11 434	1 077	864	116
智能交通和轨道交通技术	238 619	775	62 363	96 494	7 622	2 877	20 366
生物与新医药	898 192	16 851	228 763	363 551	35 043	12 609	3 921
医药生物技术	162 745	3 235	48 555	59 154	6 751	3	
中药、天然药物	447 425	8 845	100 909	160 776	19 483	9 664	2 815

装备调试费用与试验费用	委托外单位开展科技活动费用					其他费用
		#对境内研究机构	对境内高等学校	对境内企业	对境外支出	
						25
261 612	529 299	65 245	27 821	429 526	719	363 384
13 709	1 176		1 170	6		3 380
90 644	437 021	20 383	5 266	378 714		174 757
559						1 979
172	1 300		500	800		45
5 561	57 545	4 615	553	20 864		17 659
30 760	418 440	13 265	3 449	365 048		73 638
39 455	82 500	16 062	1 424	34 153		106 799
93 609	21 172	12 116	4 677	4 199		38 372
20 129	275 946	4 934	1 313	269 400		32 479
16 286	61 120	80	1 770	59 270		38 218
6 844	3 235	1 543	249	1 443		13 005
126 779	75 334	28 782	11 496	35 056		156 681
16	4 535	1 000	879	2 656		2 018
38 380	84 058	12 461	10 053	58 685	719	99 994
68 976	330 610	13 453	6 542	273 936		71 871
4 034	109 205	2 417	507	74 007		20 311
4 182	38 092	10 686		27 406		13 846
492	1 063			862		559
2 851	1 879			1 877		2 170
122						493
14 240	175 430	350	6 035	169 045		31 503
822	780			729		485
42 232	4 161			10		2 504
39 470	105 420	16 062	3 126	55 371		109 414
27 823	5 067	4 726				15 393
7 628	67 146	5 469	623	30 534		79 004

续 6-8

分　布	科技活动经费支出	#政府资金	人员人工费	直接投入费用	折旧费用与长期费用摊销	无形资产摊销	设计费用
化学药研发技术	42 795		10 027	16 714	1 431	375	
药物新剂型与制剂创新技术	37 322	440	11 234	20 578	1 581	30	34
医疗仪器、设备与医学专用软件	18 526	757	9 755	7 387	1 204		94
轻工与化工生物技术	45 669	276	12 074	28 899	1 217	85	2
农业生物技术	143 710	3 298	36 211	70 043	3 376	2 452	976
航空航天	2 303 287	803 961	613 611	1 342 938	54 433	4 380	26 347
航空技术	1 862 684	773 318	430 698	1 167 471	40 438	3 901	13 102
航天技术	440 603	30 643	182 913	175 467	13 995	480	13 245
新材料	2 145 250	11 575	423 408	1 508 804	94 565	3 137	7 026
金属材料	995 974	4 339	177 953	699 011	46 799	781	3 483
无机非金属材料	620 689	963	74 152	518 925	17 690	1 185	802
高分子材料	357 836	4 425	116 638	206 499	15 731	1 171	2 741
生物医用材料	18 457	150	9 908	4 972	1 629		
精细与专用化学品	151 938	1 698	44 581	79 246	12 717		
与文化技术产业相关的新材料	355		175	150			
高技术服务	3 477 642	81 338	1 152 181	1 811 619	102 492	12 628	15 816
研发与设计服务	2 840 367	65 851	831 839	1 656 528	80 025	6 263	7 807
检验检测认证与标准服务	49 819	2 375	35 146	7 467	3 274	131	215
信息技术服务	321 445	6 555	160 065	32 117	9 238	4 233	4 684
高技术专业化服务	228 671	4 977	102 024	104 634	9 176	1 330	2 086
知识产权与成果转化服务	9 988		7 419	2 357	26		162
电子商务与物流服务技术	6 456	100	2 507	3 343	417	57	
城市管理与社会服务	13 833	1 480	11 515	765	274	615	93
文化创意产业支撑技术	7 061		1 667	4 407	63		769
新能源与节能	228 632	2 183	70 023	123 911	25 842	350	385
可再生清洁能源	3 749	100	1 597	1 207	566	105	46
新型高效能量转换与存储技术	96 755	600	22 228	68 809	3 105	71	
高效节能技术	128 128	1 483	46 197	53 895	22 171	174	340
资源与环境	1 162 197	15 154	321 199	661 274	123 245	2 783	3 793
水污染控制与水资源利用技术	58 883	1 320	24 606	24 045	3 121	22	616
大气污染控制技术	6 042		3 172	2 668	158		12

装备调试费用与试验费用	委托外单位开展科技活动费用	#对境内研究机构	对境内高等学校	对境内企业	对境外支出	其他费用
	9 470	5 663	188	3 619		4 778
2 458	415		415			992
29						58
552	204	204				2 637
980	23 118		1 900	21 218		6 553
89 223	55 267	28 482	8 383	18 402		117 087
81 769	40 761	28 482	2 535	9 744		84 544
7 454	14 506		5 848	8 658		32 543
51 472	19 362	11 094	2 886	5 202		37 476
39 593	14 084	10 840	685	2 379		14 271
779	2 476	1	452	2 023		4 679
3 143	1 007	253	754			10 905
1 435						513
6 522	1 795		995	800		7 078
						30
38 967	218 161	12 577	7 319	195 683	719	125 778
34 973	112 999	12 078	6 100	92 859	128	109 935
170	767	159	431	177		2 650
2 087	102 002	283		101 719		7 018
1 633	2 393	57	788	927	591	5 396
						24
						132
5						568
100						55
2 310	388	32	188	168		5 424
104						125
60	89		89			2 393
2 146	299	32	99	168		2 905
14 487	13 167	3 654	3 763	5 750		22 248
2 257	905	755	150			3 311
8						24

续 6-8

分布	科技活动经费支出	#政府资金	人员人工费	直接投入费用	折旧费用与长期费用摊销	无形资产摊销	设计费用
固体废弃物处置与综合利用技术	291 671	3 083	74 854	164 341	28 524	1 102	1 814
环境监测及环境事故应急处置技术	13 920	3 130	7 774	3 967	1 165		502
生态环境建设与保护技术	15 572	1 223	7 908	5 673	105		54
清洁生产技术	194 930	30	39 677	146 321	4 953		23
资源勘查、高效开采与综合利用技术	581 180	6 368	163 209	314 259	85 219	1 659	772
先进制造与自动化	1 904 718	84 071	542 161	800 770	64 297	39 349	34 916
工业生产过程控制系统	23 211		11 667	7 549	1 459	150	518
安全生产技术	107 963		23 294	77 980	4 447	101	60
高性能、智能化仪器仪表	47 583	1 275	28 260	11 539	676	405	13
先进制造工艺与设备	113 165	1 925	44 290	50 082	9 073	21	1 124
新型机械	701 070	38 894	226 143	373 118	20 355	6 250	7 480
电力系统与设备	226 242	29 829	58 678	118 192	4 678	252	14 403
汽车及轨道车辆相关技术	611 424	12 148	126 379	124 876	14 126	32 169	10 950
传统文化产业改造技术	74 060		23 450	37 434	9 483	1	368
按国民经济行业							
农、林、牧、渔业	14 568	1 257	5 269	4 918	1 358	1 167	430
农业	4 427	957	1 821	1 238	106	248	337
林业	2 436	300	1 276	759	15	68	93
渔业	319		136	183			
农、林、牧、渔专业及辅助性活动	7 386		2 036	2 738	1 237	851	
采矿业	184 682		75 053	82 149	16 193	1 644	653
煤炭开采和洗选业	3 311		624	2 687			
石油和天然气开采	1 012		769				
黑色金属矿采选业	1 422		355	900	44		3
有色金属矿采选业	116 285		37 968	62 528	7 115	1 644	
非金属矿采选业	54 281		30 040	13 648	9 033		650
其他采矿业	8 371		5 297	2 387			
制造业	9 333 405	1 048 585	2 280 409	5 030 961	432 320	68 677	144 661
农副食品加工业	31 307	198	11 181	17 069	266	120	577
食品制造业	4 905		2 003	2 188	175	85	2
纺织业	16 584		5 677	9 547	963		

装备调试费用与试验费用	委托外单位开展科技活动费用	#对境内研究机构	对境内高等学校	对境内企业	对境外支出	其他费用
6 295	3 683	1 819		1 864		11 057
140	30			30		343
	1 200			1 200		631
2 326						1 630
3 461	7 349	1 080	3 613	2 656		5 253
67 354	283 965	4 889	3 103	275 398		71 905
51	537		388	149		1 280
128						1 954
1 013	2 150	1 270		880		3 527
261	3 493		600	2 893		4 821
37 376	4 709	840	945	2 608		25 639
10 067	5 791	33		5 499		14 180
17 848	267 033	2 746	1 170	263 117		18 043
610	253			253		2 462
749						675
527						150
220						5
2						521
	4 615	1 080	879	2 656		4 375
						243
	80	80				40
	4 535	1 000	879	2 656		2 495
						909
						688
318 226	662 376	72 501	25 505	532 724		395 775
41	198		198			1 855
						452
223						173

续 6-8

分 布	科技活动经费支出	#政府资金	人员人工费	直接投入费用	折旧费用与长期费用摊销	无形资产摊销	设计费用
纺织服装、服饰业	13 260		10 344	2 028	779		
皮革、毛皮、羽毛及其制品和制鞋业	25 065		10 049	13 837	190	194	244
木材加工和木、竹、藤、棕、草制品业	8 257	60	1 515	6 229	365		40
家具制造业	30 076	6	13 985	11 132	1 731	35	416
造纸和纸制品业	67 252		10 547	53 050	3 440		
印刷和记录媒介复制业	75 834		21 528	39 532	10 948	1	1 135
文教、美工、体育和娱乐用品制造业	18 088		8 946	6 718	1 233		259
石油、煤炭及其他燃料加工业	248		231	4	2		1
化学原料和化学制品制造业	922 729	8 279	207 277	582 675	92 845	2 728	1 281
医药制造业	733 226	12 220	203 791	264 263	30 574	8 936	3 333
化学纤维制造业	1 293		597	651	40		
橡胶和塑料制品业	352 411	1 360	77 889	183 382	16 769	3 016	21 959
非金属矿物制品业	274 945	1 910	70 352	180 365	14 530	155	521
黑色金属冶炼和压延加工业	230 983	639	41 799	156 827	19 612	862	1 264
有色金属冶炼和压延加工业	658 517	1 178	112 268	462 997	32 284	550	573
金属制品业	279 502	3 420	68 179	168 746	12 099	1 372	1 679
通用设备制造业	348 353	28 808	133 847	160 273	16 769	4 726	439
专用设备制造业	252 389	7 551	101 299	127 684	6 422	612	3 287
汽车制造业	599 249	12 498	130 529	112 414	13 680	31 667	9 151
铁路、船舶、航空航天和其他运输设备制造业	2 393 825	842 253	585 245	1 400 037	56 753	4 586	50 989
电器机械和器材制造业	500 071	24 235	151 426	297 449	16 132	1 311	10 038
计算机、通信和其他电子设备制造业	1 247 955	99 697	200 118	655 845	73 435	7 078	34 214
仪器仪表制造业	74 668	2 015	42 256	22 524	888	405	925
其他制造业	114 746	2 258	44 547	56 827	4 373	226	2 334
废弃资源综合利用业	57 669		12 983	36 666	5 023	10	
电力、热力、燃气及水生产和供应业	66 237	812	30 345	11 590	19 916	157	181
电力、热力生产和供应业	49 542		24 076	5 463	17 452		90
燃气生产和供应业	5 063		1 707		2 347		
水的生产和供应业	11 631	812	4 562	6 127	117	157	91
建筑业	2 072 911	3 234	387 590	1 489 077	29 293	969	5 442
房屋建筑业	500 961	710	66 127	430 503	611		52
土木工程建筑业	1 121 780	2 374	227 950	718 435	25 013	968	5 135

装备调试费用与试验费用	委托外单位开展科技活动费用					其他费用
		#对境内研究机构	对境内高等学校	对境内企业	对境外支出	
						109
4						546
						107
655	485		485			1 638
						215
563	253			253		1 873
117						814
1						9
8 721	9 706	1 022	5 431	3 253		17 495
38 479	82 302	16 062	1 226	34 153		101 547
						5
44 049	261	92	169			5 086
1 989	1 803	1	2	1 800		5 230
4 213						6 406
32 044	11 675	10 840	685	150		6 126
14 702	2 854		428	2 246		9 871
14 221	4 676	830	1 363	2 177		13 403
8 162	617	42	50	515		4 306
18 114	267 033	2 746	1 170	263 117		16 661
100 734	70 167	28 782	10 068	31 317		125 315
1 354	3 931	33	89	3 550		18 429
26 464	202 410	10 736	4 042	187 632		48 392
1 204	2 195	1 315		880		4 271
1 174	1 781		99	1 652		3 484
999	30			30		1 958
1 903	311	161		150		1 834
1 238	150			150		1 074
559						450
107	161	161				310
17 165	60 739	764	664	59 310		82 635
8	9	9				3 651
15 806	60 621	755	555	59 310		67 852

续 6-8

分布	科技活动经费支出	#政府资金	人员人工费	直接投入费用	折旧费用与长期费用摊销	无形资产摊销	设计费用
建筑安装业	244 644	150	38 661	199 530	3 445		41
建筑装饰、装修和其他建筑业	205 526		54 852	140 610	224	1	214
批发和零售业	12 771		6 521	4 388	1 192	3	496
批发业	8 558		3 766	3 059	1 192	3	456
零售业	4 214		2 755	1 329			40
交通运输、仓储和邮政业	4 372		884	3 049	332		
道路运输业	4 372		884	3 049	332		
信息传输、软件和信息技术服务业	1 271 055	45 856	767 264	184 492	42 792	11 496	11 668
电信、广播电视和卫星传输服务	47 929		39 013	2 745	1 059	257	
互联网和相关服务	176 855	4 230	122 821	26 219	7 899	2 017	444
软件和信息技术服务业	1 046 271	41 626	605 430	155 528	33 834	9 223	11 224
房地产业	203		203				
房地产业务业	203		203				
租赁和商业服务业	11 199		2 436	1 272	416		
商业服务业	11 199		2 436	1 272	416		
科学研究与技术服务业	1 131 266	80 388	601 350	313 018	63 960	6 028	6 370
研究和试验发展	385 127	63 497	130 472	200 317	7 969	662	1 756
专业技术服务业	687 990	12 646	455 437	101 095	53 846	5 363	1 909
科技推广和应用服务业	58 149	4 245	15 441	11 606	2 145	2	2 705
水利、环境和公共设施管理业	59 246	4 043	28 503	21 458	2 457	276	362
水利管理业	7 874		7 050	275	211	24	18
生态保护和环境治理业	49 116	4 043	19 902	20 707	2 149	252	344
公共设施管理	1 272		869	224	98		
土地管理业	984		682	251			
居民服务、修理和其他服务业	2 027		1 020	434	128		
居民服务业	816		326	113			
其他服务业	1 210		694	321	128		
教育	2 495		2 244	245			
教育	2 495		2 244	245			
卫生和社会工作	23 006	757	11 127	10 435	1 170		
卫生	23 006	757	11 127	10 435	1 170		
文化、体育和娱乐业	3 468	650	2 088	956	18		133
新闻和出版业	470		300	160			
广播、电视、电影和录音制作业	914		670	169	18		
文化艺术业	2 049	650	1 098	613			133
娱乐业	35		20	14			

装备调试费用与试验费用	委托外单位开展科技活动费用	#对境内研究机构	对境内高等学校	对境内企业	对境外支出	其他费用
50	20		20			2 897
1 301	89		89			8 235
25	2					144
25	2					55
						89
						107
						107
7 258	214 363	2 955	457	174 274		31 723
	3 579	300		3 279		1 277
540	13 413			13 413		3 501
6 717	197 371	2 655	457	157 582		26 945
	7 048			7 048		27
	7 048			7 048		27
25 732	74 344	11 994	7 422	52 376	719	40 464
15 178	7 505		1 898	5 016	591	21 269
7 527	45 847	11 994	4 524	27 368	128	16 965
3 026	20 992		1 000	19 992		2 231
862	2 371	788	383	1 200		2 957
	233		233			63
862	2 138	788	150	1 200		2 762
						82
						51
183	171			171		91
178	171			171		28
5						63
						5
						5
						274
						274
155						118
						10
						57
155						50
						1

6-9 企业办科技机构

分布	机构数/个	区内	区外	机构人员/人	机构经费支出/千元
总 计	696	211	359	23 414	9 005 057
按地区					
贵阳市	418	178	141	14 267	6 183 812
六盘水市	25		21	643	169 432
遵义市	92		87	3 551	1 069 132
安顺市	47	33	5	2 539	634 870
毕节市	11		11	207	67 145
铜仁市	16		13	640	461 775
黔西南布依族苗族自治州	20		15	255	29 888
黔东南苗族侗族自治州	21		21	512	80 500
黔南布依族苗族自治州	46		45	800	308 503
按隶属关系					
中央	111	41	25	10 227	4 598 155
地方	233	47	151	5 576	2 328 027
其他	352	123	183	7 611	2 078 875
按登记注册类型					
内资企业	687	206	355	23 181	8 886 634
国有企业	65	19	24	5 885	2 194 999
集体企业	2		2	23	6 086
股份合作企业	1		1	28	17 675
有限责任公司	324	107	158	10 256	4 256 575
股份有限公司	86	28	28	4 275	1 839 285
私营企业	207	51	141	2 693	568 053
其他	2	1	1	21	3 961
港、澳、台商投资企业	4	3	1	120	60 819
与港、澳、台商合资经营	3	2	1	63	17 651
港、澳、台商独资					
港、澳、台商投资股份有限公司	1	1		57	43 168
外商投资企业	5	2	3	113	57 605
中外合资经营企业	3	2	1	101	52 916
中外合作经营企业	1		1	3	2 022
外资企业	1		1	9	2 667
按控股类型					
国有	193	63	58	14 137	6 145 303
集体	10	1	6	349	128 187

续 6-9

分 布	机构数/个	区内	区外	机构人员/人	机构经费支出/千元
私人	424	126	254	7 410	2 300 852
港、澳、台商	1	1		57	43 168
外商	3	1	2	41	7 625
其他	65	19	39	1 420	379 922
按企业所属技术领域					
电子与信息	164	56	91	3 371	953 973
生物、医药技术	56	26	21	1 584	600 285
新材料	127	30	76	3 813	1 596 876
光机电一体化	78	26	46	2 237	900 659
新能源、高效节能	27	4	19	924	597 191
环境保护	40	8	30	907	196 731
航空航天	37	22	14	5 698	2 490 471
地球、空间、海洋工程	3		3	50	23 861
其他高技术	164	39	59	4 830	1 645 010
按高新技术领域					
电子信息	141	46	75	3 823	1 164 407
软件	92	29	49	1 442	279 655
微电子技术	12	4	6	222	112 726
计算机产品及网络应用技术	6	1	5	80	21 996
通讯技术	6	2	4	108	13 513
新型电子元器件	16	7	8	1 227	522 725
信息安全技术	2	1	1	42	4 133
智能交通和轨道交通技术	7	2	2	702	209 659
生物与新医药	58	28	20	1 627	670 142
医药生物技术	5	5		75	134 023
中药、天然药物	32	16	8	993	343 675
化学药研发技术	3	2	1	74	30 536
药物新剂型与制剂创新技术	5	2	2	111	6 551
医疗仪器、设备与医学专用软件	1	1		49	16 707
轻工与化工生物技术	3	1	2	103	26 971
农业生物技术	9	1	7	222	111 679
航空航天	25	19	6	4 469	2 141 887
航空技术	17	13	4	3 119	1 757 175
航天技术	8	6	2	1 350	384 712
新材料	120	30	72	3 049	1 356 520

续 6-9

分布	机构数/个	区内	区外	机构人员/人	机构经费支出/千元
金属材料	40	5	24	1 427	630 877
无机非金属材料	25	4	18	642	463 024
高分子材料	43	16	23	640	157 119
生物医用材料	3		3	89	10 372
精细与专用化学品	8	5	3	246	94 773
与文化技术产业相关的新材料	1		1	5	355
高技术服务	141	38	52	4 016	1 438 843
研发与设计服务	55	10	15	2 688	1 261 017
检验检测认证与标准服务	16	5	6	267	20 649
信息技术服务	35	12	17	692	90 295
高技术专业化服务	26	7	9	260	55 441
知识产权与成果转化服务	3	1	2	21	481
电子商务与物流服务技术	1		1	8	4 124
城市管理与社会服务	4	3	1	78	6 331
文化创意产业支撑技术	1		1	2	504
新能源与节能	21	2	18	472	102 855
可再生清洁能源	4		4	23	3 215
新型高效能量转换与存储技术	5		4	259	29 526
高效节能技术	12	2	10	190	70 114
资源与环境	56	10	42	1 682	701 725
水污染控制与水资源利用技术	12	6	6	139	29 108
大气污染控制技术	1		1	2	285
固体废弃物处置与综合利用技术	28	3	23	602	165 290
环境监测及环境事故应急处置技术	2		2	11	1 257
生态环境建设与保护技术	3		3	33	1 830
清洁生产技术	5		4	375	146 091
资源勘查、高效开采与综合利用技术	5	1	3	520	357 864
先进制造与自动化	134	38	74	4 276	1 428 679
工业生产过程控制系统	5	1	2	34	995
安全生产技术	4	2	2	177	96 129
高性能、智能化仪器仪表	4	3	1	152	37 947
先进制造工艺与设备	19	5	13	287	41 486
新型机械	50	13	33	1 908	532 567
电力系统与设备	20	6	13	666	201 157
汽车及轨道车辆相关技术	26	6	6	882	465 795

续 6-9

分　布	机构数/个	区内	区外	机构人员/人	机构经费支出/千元
传统文化产业改造技术	6	2	4	170	52 603
按国民经济行业					
农、林、牧、渔业	2		2	14	161
农业	2		2	14	161
采矿业	4		4	121	14 944
有色金属矿采选业	4		4	121	14 944
制造业	421	129	231	17 417	7 119 952
农副食品加工业	2		2	33	18 827
食品制造业	1		1	7	400
纺织业	3		3	58	10 163
纺织服装、服饰业	1		1	181	13 259
木材加工和木、竹、藤、棕、草制品业	3	1	2	24	3 845
家具制造业	1		1	3	201
造纸和纸制品业	3		2	134	55 630
印刷和记录媒介复制业	5	2	3	141	45 218
文教、美工、体育和娱乐用品制造业	4		4	84	11 917
石油、煤炭及其他燃料加工业	1		1	5	140
化学原料和化学制品制造业	33	10	19	1 219	697 360
医药制造业	46	23	14	1 492	532 964
橡胶和塑料制品业	32	10	15	990	305 879
非金属矿物制品业	36	8	27	500	97 885
黑色金属冶炼和压延加工业	7		3	378	102 312
有色金属冶炼和压延加工业	15	1	13	747	390 681
金属制品业	31	5	18	686	234 076
通用设备制造业	39	12	24	924	203 271
专用设备制造业	27	9	14	680	180 320
汽车制造业	26	6	7	916	490 976
铁路、船舶、航空航天和其他运输设备制造业	28	18	9	4 795	2 225 052
电器机械和器材制造业	31	7	23	1 146	281 649
计算机、通信和其他电子设备制造业	32	11	17	1 759	1 028 614
仪器仪表制造业	5	4	1	209	54 059
其他制造业	6	2	4	189	88 402

续 6-9

分布	机构数/个	区内	区外	机构人员/人	机构经费支出/千元
废弃资源综合利用业	3		3	117	46 852
电力、热力、燃气及水生产和供应业	3		3	96	56 395
电力、热力生产和供应业	2		2	74	47 152
水的生产和供应业	1		1	22	9 243
建筑业	26	3	11	1 384	933 160
房屋建筑业	1		1	38	184 210
土木工程建筑业	13	2	5	814	487 019
建筑安装业	10		4	195	70 191
建筑装饰、装修和其他建筑业	2	1	1	337	191 741
交通运输、仓储和邮政业	1		1	8	4 124
道路运输业	1		1	8	4 124
信息传输、软件和信息技术服务业	147	47	80	2 162	381 807
电信、广播电视和卫星传输服务	4	2		114	19 459
互联网和相关服务	15	4	8	403	71 570
软件和信息技术服务业	128	41	72	1 645	290 778
房地产业	1		1	5	203
房地产业务业	1		1	5	203
租赁和商业服务业	1	1		4	288
商业服务业	1	1		4	288
科学研究与技术服务业	70	21	20	1 983	443 149
研究和试验发展	9	2	2	439	43 041
专业技术服务业	52	14	14	1 461	368 305
科技推广和应用服务业	9	5	4	83	31 803
水利、环境和公共设施管理业	17	7	6	146	27 081
水利管理业	6	1	1	42	7 874
生态保护和环境治理业	10	6	4	94	18 222
土地管理业	1		1	10	984
居民服务、修理和其他服务业	1	1		8	787
居民服务业	1	1		8	787
卫生和社会工作	2	2		66	23 006
卫生	2	2		66	23 006

六 高新技术企业

6-10 自主知识产权保护

分　布	当年申请专利/件	#发明	当年授权专利/件	#发明	拥有有效专利/件	#发明	#境外	专利所有权转让及许可/件	专利所有权转让及许可收入/千元
总　计	7 700	3 345	5 962	1 075	32 695	7 887	44	53	21 030
按地区									
贵阳市	5 081	2 256	3 970	711	21 203	5 355	17	30	20 080
六盘水市	116	37	116	15	901	121			
遵义市	1 094	529	772	166	4 900	1 178	2	14	490
安顺市	619	286	399	66	1 814	598	20		
毕节市	155	46	131	32	546	64		1	452
铜仁市	74	43	60	27	475	138			
黔西南布依族苗族自治州	57	13	95	5	419	50			
黔东南苗族侗族自治州	169	57	117	12	846	147	5		
黔南布依族苗族自治州	335	78	302	41	1 591	236		8	8
按隶属关系									
中央	3 175	1 628	2 142	401	11 717	3 309	4	2	570
地方	1 733	623	1 472	185	8 406	1 712	11	8	20 000
其他	2 792	1 094	2 348	489	12 572	2 866	29	43	460
按登记注册类型									
内资企业	7 594	3 320	5 883	1 069	32 215	7 778	39	53	21 030
国有企业	1 877	860	1 291	196	5 952	1 474	4	1	490
集体企业	23	1	20		51	1			
股份合作企业	15	5	2	2	39	4			
有限责任公司	3 308	1 579	2 557	483	15 175	3 902	8	10	20 080
股份有限公司	1 070	473	776	173	4 320	1 371	27		
私营企业	1 294	397	1 231	210	6 633	1 021		42	460
其他	7	5	6	5	45	5			
港、澳、台商投资企业	65	10	54	4	307	49			
与港、澳、台商合资经营	32	9	32	4	172	38			
港、澳、台商独资	17		15		37	1			
港、澳、台商投资股份有限公司	16	1	7		98	10			
外商投资企业	41	15	25	2	173	60	5		
中外合资经营企业	20	9	2	2	127	57	5		
中外合作经营企业	21	6	23		46	3			
按控股类型									
国有	4 125	2 017	2 865	445	16 585	4 418	14	2	570
集体	172	29	139	1	466	23			
私人	2 849	1 033	2 542	506	13 661	2 929	28	50	20 460
港、澳、台商	48	16	28		150	11			
外商	9	4	1	1	15	8			
其他	497	246	387	122	1 818	498	2	1	

续 6-10

分 布	当年申请专利/件	#发明	当年授权专利/件	#发明	拥有有效专利/件	#发明	#境外	专利所有权转让及许可/件	专利所有权转让及许可收入/千元
按企业所属技术领域									
电子与信息	1 176	626	791	281	3 738	1 195	4	12	
生物、医药技术	298	133	256	56	2 096	832	14	1	
新材料	928	331	836	128	4 745	1 030	19	29	20 452
光机电一体化	974	353	743	95	4 766	788	1	1	
新能源、高效节能	474	109	313	30	1 378	148			
环境保护	340	112	302	47	1 476	184	5		
航空航天	1 435	941	783	261	4 205	1 737		2	570
地球、空间、海洋工程	53	16	35		149	19			
其他高技术	2 022	724	1 903	177	10 142	1 954	1	8	8
按高新技术领域									
电子信息	1 223	642	860	301	4 180	1 364	4	12	
软件	455	262	372	167	1 410	579	2	12	
微电子技术	185	80	142	25	576	135	2		
计算机产品及网络应用技术	37	20	25	4	166	18			
通讯技术	41	17	15	3	129	15			
广播影视技术	19	2	19	6	97	34			
新型电子元器件	415	241	244	87	1 490	526			
信息安全技术	37	11	16	7	87	13			
智能交通和轨道交通技术	34	9	27	2	225	44			
生物与新医药	319	149	266	58	2 254	891	14	1	
医药生物技术	52	17	34	12	317	186	3		
中药、天然药物	103	61	86	27	894	439	11		
化学药研发技术	18	8	19	1	103	28			
药物新剂型与制剂创新技术	20	11	14	2	154	59			
医疗仪器、设备与医学专用软件	12	2	23	3	137	13		1	
轻工与化工生物技术	44	22	30	6	297	72			
农业生物技术	70	28	60	7	352	94			
航空航天	1 018	660	573	198	3 131	1 404		1	80
航空技术	702	449	382	147	2 126	1 041		1	80
航天技术	316	211	191	51	1 005	363			
新材料	1 043	336	897	117	4 919	957	19	29	20 452
金属材料	287	139	226	31	1 255	319	6		
无机非金属材料	180	42	140	20	846	154	9	8	20 000
高分子材料	450	106	463	50	2 187	333	1	20	
生物医用材料	19	2	27		127	11			
精细与专用化学品	105	47	41	16	486	132	3	1	452
与文化技术产业相关的新材料	2				18	8			

续 6-10

分　布	当年申请专利/件	#发明	当年授权专利/件	#发明	拥有有效专利/件	#发明	#境外	专利所有权转让及许可/件	专利所有权转让及许可收入/千元
高技术服务	1 707	659	1 427	154	6 645	1 174	1		
研发与设计服务	1 357	491	1 128	94	5 414	958	1		
检验检测认证与标准服务	56	18	68	11	183	21			
信息技术服务	107	62	61	23	250	56			
高技术专业化服务	160	64	144	16	661	84			
知识产权与成果转化服务	14	14	4	4	18	17			
电子商务与物流服务技术			3	3	46	31			
城市管理与社会服务	13	10	16		49	3			
文化创意产业支撑技术			3	3	24	4			
新能源与节能	187	93	136	23	788	147			
可再生清洁能源	8	1	8	2	52	7			
新型高效能量转换与存储技术	48	34	23	5	87	32			
高效节能技术	131	58	105	16	649	108			
资源与环境	570	167	569	65	3 464	692	5		
水污染控制与水资源利用技术	79	18	115	8	514	55			
大气污染控制技术	4		5		96	39	5		
固体废弃物处置与综合利用技术	182	69	146	23	1 004	193			
环境监测及环境事故应急处置技术	25	15	11	7	32	9			
生态环境建设与保护技术	42	15	27	7	106	15			
清洁生产技术	68	4	51	5	292	32			
资源勘查、高效开采与综合利用技术	170	46	214	15	1 420	349			
先进制造与自动化	1 633	639	1 234	159	7 314	1 258	1	10	498
工业生产过程控制系统	86	28	48	10	274	48			
安全生产技术	28	11	49	4	130	10			
高性能、智能化仪器仪表	52	10	48	1	182	28			
先进制造工艺与设备	167	54	159	15	981	136			
新型机械	712	320	480	71	3 367	643		10	498
电力系统与设备	197	84	154	21	767	135			
汽车及轨道车辆相关技术	326	107	245	30	1 311	203	1		
传统文化产业改造技术	65	25	51	7	302	55			
按国民经济行业									
农、林、牧、渔业	26	12	28	5	116	38			
农业	2	2	1	1	19	9			
林业	10	10	1	1	35	17			
渔业			3	3	11	11			
农、林、牧、渔专业及辅助性活动	14		23		51	1			
采矿业	89	19	111	11	286	36			
煤炭开采和洗选业			3		5	1			

续 6-10

分布	当年申请专利/件	#发明	当年授权专利/件	#发明	拥有有效专利/件	#发明	#境外	专利所有权转让及许可/件	专利所有权转让及许可收入/千元
石油和天然气开采	15		5		15				
黑色金属矿采选业	16	4	28	4	32	5			
有色金属矿采选业	44	11	49	1	147	15			
非金属矿采选业	14	4	17	6	56	14			
其他采矿业			9		31	1			
制造业	5 022	2 236	3 734	702	22 511	5 867	41	41	21 030
农副食品加工业	13	1	12		66	3			
食品制造业	14	11	11	3	44	14			
纺织业	17		18	1	84	11			
纺织服装、服饰业	3		1	1	27	2			
皮革、毛皮、羽毛及其制品和制鞋业	20	7	41	1	459	53			
木材加工和木、竹、藤、棕、草制品业	5		2		103	29			
家具制造业	54	5	43	4	331	73			
造纸和纸制品业	20	12	14		105	4			
印刷和记录媒介复制业	59	32	49	18	268	75			
文教、美工、体育和娱乐用品制造业	10	7	20	2	175	68			
石油、煤炭及其他燃料加工业	6	1	6	1	23	5			
化学原料和化学制品制造业	362	143	317	41	2 448	656	12	9	20 452
医药制造业	267	92	252	41	1 792	735	14		
化学纤维制造业			2	2	5	2			
橡胶和塑料制品业	204	52	220	29	1 043	188	1	20	
非金属矿物制品业	229	67	219	15	1 105	175			
黑色金属冶炼和压延加工业	46	28	24	6	108	45			
有色金属冶炼和压延加工业	130	46	95	6	454	115	3		
金属制品业	161	80	94	20	958	216	3		
通用设备制造业	431	160	299	47	2 205	416		2	490
专用设备制造业	418	149	304	55	1 729	324		8	8
汽车制造业	348	121	248	34	1 407	238	6		
铁路、船舶、航空航天和其他运输设备制造业	1 155	732	630	205	3 112	1 349		1	80
电器机械和器材制造业	331	145	247	39	1 674	264			
计算机、通信和其他电子设备制造业	496	256	370	87	1 774	570	2	1	
仪器仪表制造业	115	35	91	18	483	117			
其他制造业	84	44	83	19	385	110			
废弃资源综合利用业	24	10	22	7	144	10			
电力、热力、燃气及水生产和供应业	41	15	30	5	217	42			
电力、热力生产和供应业	18	10	9	1	133	14			
燃气生产和供应业	4				10				

续 6-10

分 布	当年申请专利/件	#发明	当年授权专利/件	#发明	拥有有效专利/件	#发明	#境外	专利所有权转让及许可/件	专利所有权转让及许可收入/千元
水的生产和供应业	19	5	21	4	74	28			
建筑业	758	193	644	43	1 903	203	1		
房屋建筑业	91	30	95	10	541	49			
土木工程建筑业	534	133	366	19	859	69	1		
建筑安装业	75	18	119	12	253	32			
建筑装饰、装修和其他建筑业	58	12	64	2	250	53			
批发和零售业	12	3	2		92	10			
批发业	12	3	2		54	10			
零售业					38				
交通运输、仓储和邮政业					28	28			
道路运输业					28	28			
信息传输、软件和信息技术服务业	680	405	474	203	2 011	693	2		12
电信、广播电视和卫星传输服务	19	11	26	23	153	108			
互联网和相关服务	120	82	46	26	208	45			
软件和信息技术服务业	541	312	402	154	1 650	540	2		12
房地产业					16				
房地产业务业					16				
租赁和商业服务业	2		26	2	63	8			
商业服务业	2		26	2	63	8			
科学研究与技术服务业	955	422	786	93	4 869	911			
研究和试验发展	186	128	117	30	1 112	443			
专业技术服务业	707	274	626	49	3 501	426			
科技推广和应用服务业	62	20	43	14	256	42			
水利、环境和公共设施管理业	85	30	87	4	423	26			
水利管理业	4		5		11				
生态保护和环境治理业	81	30	79	4	407	26			
公共设施管理					2				
土地管理业			3		3				
居民服务、修理和其他服务业					4				
居民服务业					2				
机动车、电子产品和日用产业修理业					2				
教育	3		9	3	46	5			
教育	3		9	3	46	5			
卫生和社会工作	17	10	21	4	74	17			
卫生	17	10	21	4	74	17			
文化、体育和娱乐业	10		10		36	3			
新闻和出版业	10		10		10				
文化艺术业					26	3			

6-11 科技活动的其他产出

分 布	发表科技论文/篇	拥有注册商标/件	#当年	#境外	拥有软件著作权/件	#当年	当年形成国际标准/项	形成国家或行业标准/项
总 计	1 934	7 116	982	283	20 344	3 550	2	109
按地区								
贵阳市	1 637	5 043	747	231	17 805	3 179	2	72
六盘水市	1	68	12		166	17		
遵义市	219	500	33		1 174	166		8
安顺市	24	664	76	16	129	32		4
毕节市	7	71	6		141	28		1
铜仁市	9	20	6		192	6		13
黔西南布依族苗族自治州	19	90	2		152	27		
黔东南苗族侗族自治州	1	65	4	5	160	14		7
黔南布依族苗族自治州	17	595	96	31	425	81		4
按隶属关系								
中央	1 090	620	61	109	1 065	185	2	36
地方	406	2 040	354	33	7 136	1 245		47
其他	438	4 456	567	141	12 143	2 120		26
按登记注册类型								
内资企业	1 918	7 066	982	278	20 330	3 540	2	105
国有企业	668	385	53	107	854	221		20
集体企业					34	12		
股份合作企业	2	4	2		40	5		2
有限责任公司	831	2 162	358	77	10 512	2 034		28
股份有限公司	310	2 658	314	82	1 089	117	2	40
私营企业	107	1 854	255	12	7 787	1 151		15
其他		3			14			
港、澳、台商投资企业	4	36			10	7		4
与港、澳、台商合资经营	4	32			3			4
港、澳、台商独资		1			3	3		
港、澳、台商投资股份有限公司		3			4	4		
外商投资企业	12	14		5	4	3		
中外合资经营企业		14		5	4	3		
中外合作经营企业	12							
外资企业								
按控股类型								
国有	1 488	1 457	193	184	2 750	599	2	65
集体	79	34			163	19		1
私人	339	4 943	688	97	15 778	2 641		39

续6-11

分 布	发表科技论文/篇	拥有注册商标/件	#当年	#境外	拥有软件著作权/件	#当年	当年形成国际标准/项	形成国家或行业标准/项
港、澳、台商		4			7	7		
外商	4	5			3	3		
其他	24	673	101	2	1 643	281		4
按企业所属技术领域								
电子与信息	177	2 016	470	9	14 921	2 530	2	17
生物、医药技术	74	2 608	174	124	235	44		4
新材料	92	1 116	163	139	129	22		36
光机电一体化	61	281	29		741	126		4
新能源、高效节能	129	160	27	6	214	33		
环境保护	20	152	32	5	607	111		2
航空航天	411	75	3		143	45		8
地球、空间、海洋工程	22	20	1		42	2		
其他高技术	948	688	83		3 312	637		38
按高新技术领域								
电子信息	226	1 680	337	9	12 621	2 135	2	31
软件	36	1 457	305	7	10 662	1 795		5
微电子技术	23	25	5		190	41		6
计算机产品及网络应用技术		8			433	63		
通讯技术	1	55	12		596	65		
广播影视技术					99	16		
新型电子元器件	124	67	13	2	46	15	2	4
信息安全技术	8	8			452	114		
智能交通和轨道交通技术	34	60	2		143	26		16
生物与新医药	92	2 668	163	154	270	55		5
医药生物技术	5	392	21	34	1			
中药、天然药物	43	1 539	96	89	61	25		2
化学药研发技术		79	1		9			
药物新剂型与制剂创新技术	7	65	2		20			
医疗仪器、设备与医学专用软件	6	1			74	4		
轻工与化工生物技术	8	345	13					
农业生物技术	23	247	30	31	105	26		3
航空航天	318	58	2		137	40		7
航空技术	155	50			64	15		7
航天技术	163	8	2		73	25		
新材料	62	1 050	180	108	117	21		19
金属材料	36	89	6	1	32	4		3

续 6-11

分 布	发表科技论文/篇	拥有注册商标/件	#当年	#境外	拥有软件著作权/件	#当年	当年形成国际标准/项	形成国家或行业标准/项
无机非金属材料	8	61	3		35	10		14
高分子材料	13	653	123		46	7		2
生物医用材料		32	22		1			
精细与专用化学品	5	214	26	107	3			
与文化技术产业相关的新材料		1						
高技术服务	916	812	203		5 821	1 065		33
研发与设计服务	802	103	13		1 542	317		24
检验检测认证与标准服务	44	17	2		438	45		
信息技术服务	15	412	142		2 755	476		
高技术专业化服务	55	202	29		580	108		9
知识产权与成果转化服务		52	12		82	9		
电子商务与物流服务技术		1			82	24		
城市管理与社会服务		23	4		259	61		
文化创意产业支撑技术		2	1		83	25		
新能源与节能	7	99	4		158	24		2
可再生清洁能源		5			2			
新型高效能量转换与存储技术	3	9			2			1
高效节能技术	4	85	4		154	24		1
资源与环境	93	221	35	6	578	120		2
水污染控制与水资源利用技术	7	37	4		113	32		
大气污染控制技术		12		5	5			
固体废弃物处置与综合利用技术	7	91	8	1	105	24		2
环境监测及环境事故应急处置技术		11	10		206	31		
生态环境建设与保护技术	7	7	7		98	29		
清洁生产技术	8	22	6		15	1		
资源勘查、高效开采与综合利用技术	64	41			36	3		
先进制造与自动化	220	528	58	6	642	90		10
工业生产过程控制系统		95	15		144	17		1
安全生产技术		6			8	3		
高性能、智能化仪器仪表	3	30	1		89	22		
先进制造工艺与设备	2	153	21	6	101	11		1
新型机械	92	137	16		101	8		5
电力系统与设备	14	52	2		148	28		
汽车及轨道车辆相关技术	109	40	3		29	1		1
传统文化产业改造技术		15			22			2
按国民经济行业								
农、林、牧、渔业	1	72	3		8	1		2

续 6-11

分 布	发表科技论文/篇	拥有注册商标/件	#当年	#境外	拥有软件著作权/件	#当年	当年形成国际标准/项	形成国家或行业标准/项
农业	1	58	3		1	1		2
林业		11			7			
渔业		3						
采矿业	25	12			11	1		
有色金属矿采选业	15	11			1			
非金属矿采选业	10	1			5	1		
其他采矿业					5			
制造业	805	4 542	432	276	1 234	255	2	70
农副食品加工业		14	12		6			
食品制造业	8	50	8					
纺织业		2						
皮革、毛皮、羽毛及其制品和制鞋业		44						
木材加工和木、竹、藤、棕、草制品业		7			16			
家具制造业		134	11	1	1			1
造纸和纸制品业		2			6			
印刷和记录媒介复制业		5			22			2
文教、美工、体育和娱乐用品制造业		16						
化学原料和化学制品制造业	75	555	55	138	29	13		1
医药制造业	55	2 458	205	123	95	25		2
橡胶和塑料制品业	21	153	14		24	6		15
非金属矿物制品业	5	162	27		76	27		4
黑色金属冶炼和压延加工业	4	7			3			
有色金属冶炼和压延加工业	23	35	5		20			
金属制品业	17	36		1	38			3
通用设备制造业	46	117	14		112	17		6
专用设备制造业	32	130	17		183	10		2
汽车制造业	47	59	3	5	17	1		1
铁路、船舶、航空航天和其他运输设备制造业	260	45			51	17		6
电器机械和器材制造业	53	247	11		147	24		1
计算机、通信和其他电子设备制造业	100	125	26	8	186	46	2	26
仪器仪表制造业	8	107	13		175	53		
其他制造业	51	32	11		27	16		
电力、热力、燃气及水生产和供应业	3	2			40	18		
电力、热力生产和供应业	1	1			32	13		
燃气生产和供应业					4	4		
水的生产和供应业	2	1			4	1		

续 6-11

分布	发表科技论文/篇	拥有注册商标/件	#当年	#境外	拥有软件著作权/件	#当年	当年形成国际标准/项	形成国家或行业标准/项
建筑业	258	43	4		482	80		2
房屋建筑业	66	4			16			
土木工程建筑业	153	31			241	46		2
建筑安装业	35	7	4		137	27		
建筑装饰、装修和其他建筑业	4	1			88	7		
批发和零售业		66	45		204	27		
批发业		16			141	17		
零售业		50	45		63	10		
交通运输、仓储和邮政业		1			15			
道路运输业		1			15			
信息传输、软件和信息技术服务业	65	1949	423	7	15368	2613		5
电信、广播电视和卫星传输服务		200	22		248	35		
互联网和相关服务	5	224	90		1455	320		
软件和信息技术服务业	60	1525	311	7	13665	2258		5
房地产业		1			15			
房地产业务业		1			15			
租赁和商业服务业		3			108	16		
商业服务业		3			108	16		
科学研究与技术服务业	757	385	72		2284	410		30
研究和试验发展	103	139	8		206	45		8
专业技术服务业	551	148	30		1778	287		22
科技推广和应用服务业	103	98	34		300	78		
水利、环境和公共设施管理业	14	13	3		298	60		
水利管理业					21	4		
生态保护和环境治理业	14	11	1		195	38		
公共设施管理					62	10		
土地管理业		2	2		20	8		
居民服务、修理和其他服务业		4			70	16		
居民服务业		2			24			
其他服务业		2			46	16		
教育		12			67	10		
教育		12			67	10		
卫生和社会工作	6	11			22	3		
卫生	6	11			22	3		
文化、体育和娱乐业					118	40		
广播、电视、电影和录音制作业					39	16		
文化艺术业					57	20		
娱乐业					22	4		

6－12　科技活动的其他相关情况

单位：千元

分　布	技术改造和技术获取经费支出				技术合同成交总额
	技术改造经费支出	购买境内技术经费支出	引进境外技术经费支出	引进境外技术的消化吸收经费支出	
总　计	2 740 402	81 893	43 190		3 195 762
按地区					
贵阳市	1 820 468	75 823	43 190		3 013 009
六盘水市	37 915				
遵义市	446 899	4 902			60 019
安顺市	318 135	242			96 171
毕节市	18 112				
铜仁市	26 149				
黔西南布依族苗族自治州	8 198				11 000
黔东南苗族侗族自治州	992				
黔南布依族苗族自治州	63 534	926			15 564
按隶属关系					
中央	1 577 290	59 277	37 642		990 089
地方	947 150	1 423			1 194 770
其他	215 962	21 192	5 548		1 010 904
按登记注册类型					
内资企业	2 725 804	81 893	43 190		3 193 390
国有企业	414 714	46 719	30 400		931 469
集体企业					
股份合作企业					
有限责任公司	1 609 737	25 557	5 548		1 315 800
股份有限公司	447 231	800	7 242		783 473
私营企业	254 122	8 816			162 648
其他					
港、澳、台商投资企业	7 025				
与港、澳、台商合资经营	7 025				
港、澳、台商独资					
港、澳、台商投资股份有限公司					
外商投资企业	7 573				2 372
中外合资经营企业					2 372
中外合作经营企业	7 573				
外资企业					
按控股类型					
国有	2 260 870	59 777	37 642		1 588 626
集体	7 382				24 110

续 6-12

分 布	技术改造和技术获取经费支出				技术合同成交总额
	技术改造经费支出	购买境内技术经费支出	引进境外技术经费支出	引进境外技术的消化吸收经费支出	
私人	444 118	22 115	5 548		830 621
港、澳、台商					
外商	4 705				2 372
其他	23 327				750 033
按企业所属技术领域					
电子与信息	215 977	5 216	7 242		1 385 345
生物、医药技术	52 182	1 000			6 364
新材料	291 976	2 816			25 142
光机电一体化	203 575	34 250	30 400		16 303
新能源、高效节能	38 182				68 274
环境保护	4 537	805			40 509
航空航天	887 975	11 522			119 022
地球、空间、海洋工程	7 573				
其他高技术	1 038 424	26 284	5 548		1 534 803
按高新技术领域					
电子信息	300 295	5 216	7 242		1 128 175
软件	19 039	4 626			847 454
微电子技术	30 255				460
计算机产品及网络应用技术	2 603				65
通讯技术	2 766	590			210 246
广播影视技术	626				5 500
新型电子元器件	245 005		7 242		
信息安全技术					3 800
智能交通和轨道交通技术					60 650
生物与新医药	118 376	1 000			6 664
中药、天然药物	51 557	1 000			1 500
化学药研发技术					4 464
药物新剂型与制剂创新技术	11 915				
农业生物技术	54 904				700
航空航天	743 549	9 633			117 462
航空技术	656 666	333			94 316
航天技术	86 882	9 299			23 146
新材料	281 874	2 816			25 812
金属材料	177 806	2 540			8 987
无机非金属材料	39 421				2 380

续 6-12

分　布	技术改造和技术获取经费支出				技术合同成交总额
	技术改造经费支出	购买境内技术经费支出	引进境外技术经费支出	引进境外技术的消化吸收经费支出	
高分子材料	15 222	276			1 905
生物医用材料					970
精细与专用化学品	49 425				11 570
高技术服务	60 176	23 466	5 548		1 849 680
研发与设计服务	42 022	11 778			1 307 980
检验检测认证与标准服务	16 994	11 446	5 548		400
信息技术服务	270				240 479
高技术专业化服务	890	242			277 384
城市管理与社会服务					23 437
新能源与节能	3 287	800			
新型高效能量转换与存储技术	2 412				
高效节能技术	875	800			
资源与环境	750 694	873			51 509
水污染控制与水资源利用技术	1 276	400			6 808
固体废弃物处置与综合利用技术	3 839				
生态环境建设与保护技术					33 701
清洁生产技术	201 315	473			
资源勘查、高效开采与综合利用技术	544 264				11 000
先进制造与自动化	482 152	38 089	30 400		16 460
工业生产过程控制系统	1 150				
安全生产技术	643				
高性能、智能化仪器仪表	460				2 372
先进制造工艺与设备	6 946				9 154
新型机械	251 339	36 809	30 400		4 934
电力系统与设备	8 851				
汽车及轨道车辆相关技术	204 123	1 280			
传统文化产业改造技术	8 641				
按国民经济行业					
农、林、牧、渔业					400
农业					300
农、林、牧、渔专业及辅助性活动					100
采矿业	7 573				11 000
有色金属矿采选业	7 573				11 000
制造业	2 659 434	53 206	37 642		106 485
家具制造业	3 221				1 000

续 6-12

分布	技术改造和技术获取经费支出				技术合同成交总额
	技术改造经费支出	购买境内技术经费支出	引进境外技术经费支出	引进境外技术的消化吸收经费支出	
造纸和纸制品业	184 561				
印刷和记录媒介复制业	8 641				
石油、煤炭及其他燃料加工业	1				
化学原料和化学制品制造业	687 480	473			11 870
医药制造业	60 571	1 000			5 964
化学纤维制造业	161	126			
橡胶和塑料制品业	11 840	150			900
非金属矿物制品业	10 482				1 505
黑色金属冶炼和压延加工业	32 691				
有色金属冶炼和压延加工业	108 822	2 350			8 987
金属制品业	35 519	190			
通用设备制造业	88 807	36 472	30 400		26 896
专用设备制造业	33 183	1 065			4 344
汽车制造业	234 155				
铁路、船舶、航空航天和其他运输设备制造业	876 579	1 280			15 206
电器机械和器材制造业	14 294	9 299			9 960
计算机、通信和其他电子设备制造业	225 272		7 242		17 481
仪器仪表制造业	460				2 372
其他制造业	42 694	800			
电力、热力、燃气及水生产和供应业	76				
电力、热力生产和供应业	76				
建筑业					759 130
房屋建筑业					31 626
土木工程建筑业					673 713
建筑装饰、装修和其他建筑业					53 791
批发和零售业	2				
批发业	2				
信息传输、软件和信息技术服务业	9 559	5 458			1 397 139
电信、广播电视和卫星传输服务	626				
互联网和相关服务	6 996				224 049
软件和信息技术服务业	1 936	5 458			1 173 090
租赁和商业服务业					65
商业服务业					65
科学研究与技术服务业	61 597	23 224	5 548		881 034
研究和试验发展	475				
专业技术服务业	61 122	23 224	5 548		881 034
水利、环境和公共设施管理业	2 161	5			40 509
生态保护和环境治理业	2 161	5			40 509

6-13 科技项目

分 布	项目数/项	参加项目人次/人次	项目人员实际工作时间/人月	项目经费支出/千元	#政府资金
总 计	9 226	79 372	439 866	13 799 451	1 176 912
按地区					
贵阳市	6 345	54 240	285 987	9 330 359	1 085 091
六盘水市	164	1 663	10 687	326 183	2 086
遵义市	1 021	9 049	61 878	1 802 373	55 187
安顺市	545	5 156	30 895	729 746	31 730
毕节市	145	1 174	5 240	186 001	510
铜仁市	177	1 319	9 662	541 546	910
黔西南布依族苗族自治州	124	1 055	6 039	159 607	
黔东南苗族侗族自治州	256	1 481	8 076	180 452	1 030
黔南布依族苗族自治州	449	4 235	21 402	543 184	369
按企业隶属关系					
中央	2 053	23 208	145 763	5 902 335	1 099 046
地方	2 644	22 624	129 110	4 141 840	30 689
其他	4 529	33 540	164 992	3 755 277	47 177
按登记注册类型					
内资企业	9 120	78 357	436 056	13 567 768	1 176 832
国有企业	1 130	14 786	96 944	3 540 550	195 363
集体企业	16	111	813	18 364	
股份合作企业	21	202	897	28 757	100
有限责任公司	4 249	35 983	197 498	6 347 372	932 495
股份有限公司	1 064	10 997	64 877	2 204 590	32 841
私营企业	2 632	16 228	74 696	1 423 723	16 034
其他	8	50	331	4 412	
港、澳、台商投资企业	62	501	1 913	123 165	80
与港、澳、台商合资经营	33	235	1 029	29 129	80
港、澳、台商独资	2	12	46	43 477	
港、澳、台商投资股份有限公司	27	254	838	50 559	
外商投资企业	44	514	1 896	108 518	
中外合资经营企业	23	202	1 372	59 407	
中外合作经营企业	15	300	476	46 444	
外资企业	6	12	48	2 666	

续 6-13

分 布	项目数/项	参加项目人次/人次	项目人员实际工作时间/人月	项目经费支出/千元	#政府资金
按控股类型					
国有	2 989	35 536	223 429	8 619 516	1 122 959
集体	118	1 222	5 341	213 407	753
私人	5 429	37 118	183 347	4 172 765	49 456
港、澳、台商	39	398	1 676	153 094	
外商	15	62	333	7 625	
其他	636	5 036	25 739	633 045	3 745
按项目来源					
本企业自选科技项目	8 191	67 701	369 999	11 419 255	31 411
政府部门科技项目	667	8 150	50 144	1 825 383	1 042 233
其他企业(单位)委托科技项目	248	1 781	10 831	375 901	103 268
其他项目	120	1 740	8 892	178 912	
按项目合作形式					
自主完成	8 176	70 469	387 621	11 011 009	511 352
与境内研究机构合作	184	2 522	14 039	764 971	422 589
与境内高等学校合作	272	2 627	15 887	439 605	53 582
与境内其他企业或单位合作	358	3 702	22 072	936 216	184 324
与境外机构合作	1	5	8	80	
与委托其他企业或单位	224			643 808	5 065
其他形式	11	47	239	3 762	
按活动类型					
基础研究					
应用研究	2	35	146	2 242	217
试验发展	6 002	56 615	322 490	11 172 477	1 097 572
试制与工程化	1 258	11 642	59 719	1 581 452	53 152
技术咨询与技术服务	1 964	11 080	57 510	1 043 280	25 971
按技术经济目标					
科学原理的探索、发现					
技术原理的研究	23	476	2 742	59 182	4 114
开发全新产品	3 736	34 223	196 834	6 609 378	936 637
增加产品功能或提高性能	3 688	29 747	156 519	4 293 026	206 616
提高劳动生产率	1 023	8 283	44 773	1 300 556	11 911
减少能源消耗或提高能源使用效率	287	2 666	14 449	586 551	2 010

续 6-13

分　布	项目数/项	参加项目人次/人次	项目人员实际工作时间/人月	项目经费支出/千元	#政府资金
节约原材料	105	1 005	6 244	323 236	510
减少环境污染	266	2 247	13 367	503 707	3 284
其他	98	725	4 938	123 816	11 831
按所处阶段					
研究阶段	1 669	18 209	103 312	3 611 355	733 671
小试阶段	1 414	13 861	89 978	2 782 307	252 189
中试阶段	606	6 022	33 392	1 264 560	40 128
试生产阶段	462	3 941	18 819	439 291	28 407
其他	5 075	37 339	194 365	5 701 937	122 517
按国民经济行业					
农、林、牧、渔业	34	192	871	14 560	1 257
农业	16	103	347	4 427	957
林业	11	53	239	2 429	300
渔业	2	6	20	319	
农、林、牧、渔专业及辅助性活动	5	30	265	7 386	
采矿业	85	1 244	7 319	184 466	
煤炭开采和洗选业	5	65	156	3 311	
石油和天然气开采	4	12	55	1 012	
黑色金属矿采选业	2	23	121	1 420	
有色金属矿采选业	52	623	3 360	116 071	
非金属矿采选业	18	498	3 351	54 281	
其他采矿业	4	23	276	8 371	
制造业	4 792	46 562	273 141	9 235 151	1 010 952
农副食品加工业	15	79	750	30 141	198
食品制造业	12	94	395	4 677	
纺织业	12	108	889	16 584	
纺织服装、服饰业	11	181	1 509	13 254	
皮革、毛皮、羽毛及其制品和制鞋业	15	968	1 467	25 065	
木材加工和木、竹、藤、棕、草制品业	21	97	411	8 257	60
家具制造业	21	186	1 168	30 075	6
造纸和纸制品业	31	311	1 862	67 251	
印刷和记录媒介复制业	56	582	2 816	75 494	

续 6-13

分布	项目数/项	参加项目人次/人次	项目人员实际工作时间/人月	项目经费支出/千元	#政府资金
文教、美工、体育和娱乐用品制造业	36	257	1 694	18 087	
石油、煤炭及其他燃料加工业	8	21	74	248	
化学原料和化学制品制造业	337	3 207	19 998	914 634	4 641
医药制造业	536	5 823	30 170	733 064	10 445
化学纤维制造业	5	16	90	1 293	
橡胶和塑料制品业	218	3 011	10 397	351 868	500
非金属矿物制品业	293	2 142	11 900	273 329	1 604
黑色金属冶炼和压延加工业	75	813	5 240	228 930	639
有色金属冶炼和压延加工业	159	2 082	10 661	658 476	1 178
金属制品业	235	2 030	14 181	279 476	3 420
通用设备制造业	454	3 557	17 692	344 536	30 669
专用设备制造业	289	2 181	12 117	250 829	1 845
汽车制造业	109	1 895	12 198	581 383	11 148
铁路、船舶、航空航天和其他运输设备制造业	594	8 733	62 514	2 353 464	834 675
电器机械和器材制造业	339	2 936	18 047	495 967	22 675
计算机、通信和其他电子设备制造业	739	3 855	26 395	1 235 837	84 619
仪器仪表制造业	87	694	3 436	70 581	440
其他制造业	64	551	3 741	114 684	2 190
废弃资源综合利用业	21	152	1 328	57 669	
电力、热力、燃气及水生产和供应业	57	428	1 533	66 215	810
电力、热力生产和供应业	38	292	797	49 542	
燃气生产和供应业	2	26	182	5 063	
水的生产和供应业	17	110	554	11 610	810
建筑业	574	5 751	29 726	2 043 329	2 884
房屋建筑业	70	661	4 983	497 671	710
土木工程建筑业	345	3 678	14 264	1 095 592	2 024
建筑安装业	103	805	6 445	244 616	150
建筑装饰、装修和其他建筑业	56	607	4 034	205 451	
批发和零售业	56	228	1 188	12 725	
批发业	36	120	749	8 536	
零售业	20	108	439	4 190	
交通运输、仓储和邮政业	5	26	115	4 372	

续 6-13

分 布	项目数/项	参加项目人次/人次	项目人员实际工作时间/人月	项目经费支出/千元	#政府资金
道路运输业	5	26	115	4 372	
信息传输、软件和信息技术服务业	2 512	14 756	74 174	1 247 660	30 711
电信、广播电视和卫星传输服务	56	486	2 769	47 840	
互联网和相关服务	259	2 291	12 385	174 731	4 126
软件和信息技术服务业	2 197	11 979	59 019	1 025 088	26 585
房地产业	3	14	65	203	
房地产业务业	3	14	65	203	
租赁和商业服务业	25	54	299	11 199	
商业服务业	25	54	299	11 199	
科学研究与技术服务业	869	8 748	44 730	889 590	125 054
研究和试验发展	123	1 271	8 094	178 061	113 392
专业技术服务业	682	7 045	34 846	653 428	11 017
科技推广和应用服务业	64	432	1 790	58 100	645
水利、环境和公共设施管理业	151	1 051	4 780	58 993	3 838
水利管理业	8	51	523	7 871	
生态保护和环境治理业	132	953	4 015	48 865	3 838
公共设施管理	8	34	150	1 272	
土地管理业	3	13	92	984	
居民服务、修理和其他服务业	8	32	225	2 027	
居民服务业	4	12	83	816	
其他服务业	4	20	142	1 210	
教育	7	47	475	2 488	
教育	7	47	475	2 488	
卫生和社会工作	19	119	730	23 006	757
卫生	19	119	730	23 006	757
文化、体育和娱乐业	29	120	495	3 468	650
新闻和出版业	4	24	90	470	
广播、电视、电影和录音制作业	12	39	110	914	
文化艺术业	11	47	265	2 049	650
娱乐业	2	10	30	35	

6-14 R&D 项目

分布	项目数/项	参加项目人次/人次	项目人员实际工作时间/人月	项目经费支出/千元	#政府资金
总计	6 004	56 650	322 636	11 174 719	1 097 789
按地区					
贵阳市	3 961	38 045	204 672	7 477 235	1 011 724
六盘水市	110	1 374	8 844	304 660	100
遵义市	683	6 823	49 357	1 557 801	51 945
安顺市	499	4 638	28 719	696 097	31 730
毕节市	80	757	3 099	101 645	102
铜仁市	116	955	6 793	481 448	810
黔西南布依族苗族自治州	97	936	5 121	148 068	
黔东南苗族侗族自治州	209	1 244	6 559	160 220	1 030
黔南布依族苗族自治州	249	1 878	9 472	247 545	348
按隶属关系					
中央	1 773	20 366	126 672	5 204 517	1 052 262
地方	1 527	13 095	82 232	3 123 506	17 265
其他	2 704	23 189	113 732	2 846 696	28 262
按登记注册类型					
内资企业	5 923	55 818	319 911	11 000 278	1 097 709
国有企业	911	12 009	77 281	2 933 994	186 154
集体企业	16	111	813	18 364	
股份合作企业	13	142	741	28 087	
有限责任公司	2 714	26 448	147 234	5 287 839	868 821
股份有限公司	867	7 511	50 185	1 807 209	32 820
私营企业	1 400	9 587	43 597	923 723	9 914
其他	2	10	60	1 063	
港、澳、台商投资企业	51	419	1 366	111 069	80
与港、澳、台商合资经营	28	207	830	24 424	80
港、澳、台商独资	2	12	46	43 477	
港、澳、台商投资股份有限公司	21	200	490	43 168	
外商投资企业	30	413	1 359	63 371	
中外合资经营企业	12	107	860	15 194	
中外合作经营企业	15	300	476	46 444	
外资企业	3	6	23	1 733	
按控股类型					
国有	2 486	28 792	183 560	7 297 863	1 065 411
集体	85	977	4 202	159 967	733
私人	2 982	22 779	114 146	3 057 759	29 550
港、澳、台商	33	344	1 328	145 703	

续 6-14

分 布	项目数/项	参加项目人次/人次	项目人员实际工作时间/人月	项目经费支出/千元	#政府资金
外商	6	22	85	1 976	
其他	412	3 736	19 315	511 450	2 095
按项目来源					
本企业自选科技项目	5 379	47 800	266 855	9 102 506	29 234
政府部门科技项目	476	6 601	41 030	1 587 976	965 287
其他企业(单位)委托科技项目	110	1 186	8 578	337 738	103 268
其他项目	39	1 063	6 173	146 499	
按项目合作形式					
自主完成	5 205	49 080	279 056	8 719 016	451 330
与境内研究机构合作	159	2 342	12 962	737 970	421 407
与境内高等学校合作	232	2 228	12 802	333 932	50 237
与境内其他企业或单位合作	257	2 991	17 774	798 464	169 801
与委托其他企业或单位	147			584 166	5 015
其他形式	4	9	43	1 171	
按技术经济目标					
技术原理的研究	19	422	2 478	50 698	4 114
开发全新产品	2 624	25 984	157 426	5 700 447	883 492
增加产品功能或提高性能	2 382	20 820	110 249	3 371 338	185 914
提高劳动生产率	502	4 515	23 222	850 172	9 862
减少能源消耗或提高能源使用效率	203	2 086	10 985	478 174	200
节约原材料	71	774	5 048	260 389	102
减少环境污染	164	1 576	9 605	366 057	2 275
其他	39	473	3 623	97 444	11 831
按所处阶段					
研究阶段	1 288	15 170	86 027	3 125 292	685 486
小试阶段	1 146	11 261	75 503	2 460 452	243 293
中试阶段	471	4 725	25 605	1 012 153	32 128
试生产阶段	268	2 262	9 207	237 479	17 184
其他	2 831	23 232	126 294	4 339 344	119 698
按国民经济行业					
农、林、牧、渔业	26	144	622	9 785	452
农业	13	80	279	3 479	452
林业	10	47	191	2 061	
渔业	2	6	20	319	
农、林、牧、渔专业及辅助性活动	1	11	132	3 927	
采矿业	67	804	4 347	138 133	

续 6-14

分布	项目数/项	参加项目人次/人次	项目人员实际工作时间/人月	项目经费支出/千元	#政府资金
煤炭开采和洗选业	5	65	156	3 311	
石油和天然气开采	4	12	55	1 012	
有色金属矿采选业	47	583	2 963	111 894	
非金属矿采选业	9	126	957	15 101	
其他采矿业	2	18	216	6 815	
制造业	3 841	37 234	223 095	7 823 450	965 416
农副食品加工业	8	50	454	20 036	
食品制造业	12	94	395	4 677	
纺织业	9	66	568	11 144	
纺织服装、服饰业	11	181	1 509	13 254	
皮革、毛皮、羽毛及其制品和制鞋业	10	861	1 191	21 515	
木材加工和木、竹、藤、棕、草制品业	10	50	238	7 237	60
家具制造业	18	154	853	20 537	
造纸和纸制品业	9	104	577	14 138	
印刷和记录媒介复制业	44	512	2 568	68 139	
文教、美工、体育和娱乐用品制造业	7	43	304	1 973	
石油、煤炭及其他燃料加工业	8	21	74	248	
化学原料和化学制品制造业	269	2 581	15 863	678 979	3 962
医药制造业	459	4 639	24 063	654 203	9 452
化学纤维制造业	5	16	90	1 293	
橡胶和塑料制品业	156	1 243	5 233	156 116	470
非金属矿物制品业	226	1 597	9 110	180 661	278
黑色金属冶炼和压延加工业	69	788	5 179	228 571	639
有色金属冶炼和压延加工业	141	1 929	9 830	598 684	1 178
金属制品业	186	1 639	11 363	228 530	2 468
通用设备制造业	332	2 642	13 033	269 556	29 119
专用设备制造业	228	1 760	10 472	230 449	1 695
汽车制造业	82	1 583	10 309	493 316	11 098
铁路、船舶、航空航天和其他运输设备制造业	545	8 062	57 033	2 256 848	834 429
电器机械和器材制造业	264	2 445	14 685	423 293	22 406
计算机、通信和其他电子设备制造业	611	3 069	21 855	1 064 255	45 976
仪器仪表制造业	61	521	1 941	33 254	440
其他制造业	53	495	3 465	109 205	1 740
废弃资源综合利用业	8	89	840	33 343	
电力、热力、燃气及水生产和供应业	43	328	924	50 567	
电力、热力生产和供应业	35	285	760	49 251	

续 6-14

分 布	项目数 /项	参加项目 人次/人次	项目人员 实际工作 时间/人月	项目经费 支出/千元	#政府资金
水的生产和供应业	8	43	164	1 316	
建筑业	454	4 471	22 114	1 671 556	2 029
房屋建筑业	62	617	4 603	493 055	5
土木工程建筑业	289	2 969	11 076	889 057	2 024
建筑安装业	68	532	4 485	187 242	
建筑装饰、装修和其他建筑业	35	353	1 950	102 202	
批发和零售业	23	109	627	6 319	
批发业	14	53	418	5 219	
零售业	9	56	209	1 100	
交通运输、仓储和邮政业	3	19	77	4 124	
道路运输业	3	19	77	4 124	
信息传输、软件和信息技术服务业	898	6 237	33 448	678 451	6 182
电信、广播电视和卫星传输服务	23	165	1 614	24 602	
互联网和相关服务	116	1 166	7 448	116 426	1 963
软件和信息技术服务业	759	4 906	24 386	537 422	4 219
房地产业	3	14	65	203	
房地产业务业	3	14	65	203	
租赁和商业服务业	2	6	39	288	
商业服务业	2	6	39	288	
科学研究与技术服务业	538	6 495	34 044	752 317	119 641
研究和试验发展	79	1 031	6 685	162 065	112 189
专业技术服务业	435	5 192	26 758	556 039	6 807
科技推广和应用服务业	24	272	601	34 213	645
水利、环境和公共设施管理业	88	691	2 690	30 424	3 419
水利管理业	3	11	83	704	
生态保护和环境治理业	79	652	2 428	27 967	3 419
公共设施管理	3	15	87	768	
土地管理业	3	13	92	984	
居民服务、修理和其他服务业	5	20	159	1 433	
居民服务业	3	12	83	645	
其他服务业	2	8	76	787	
卫生和社会工作	7	43	204	6 299	
卫生	7	43	204	6 299	
文化、体育和娱乐业	6	35	181	1 370	650
新闻和出版业	4	24	90	470	
娱乐业	2	11	91	900	650

七、科技活动成果

7-1 历年专利授权数(2017—2021)

单位:件

分　布	2017 年	2018 年	2019 年	2020 年	2021 年
总　计	12 559	19 456	24 729	34 971	39 267
按地区					
贵阳市	5 641	9 113	10 770	15 379	17 154
云岩区	1 027	1 769	2 115	3 220	3 361
南明区	802	1 849	2 705	4 047	3 463
乌当区	368	407	611	752	786
白云区	271	525	667	978	1 270
花溪区	1 592	2 350	2 247	2 803	3 820
观山湖区	1 249	1 679	1 679	2 434	3 023
清镇市	60	179	275	594	815
开阳县	90	145	246	166	216
息烽县	100	71	62	119	148
修文县	82	139	163	266	252
六盘水市	520	764	1 278	1 900	2 209
钟山区	340	420	687	937	1 151
盘州市	90	225	374	568	687
六枝特区	18	57	78	183	172
水城区	72	62	139	212	199
遵义市	2 192	3 245	4 172	6 140	6 937
红花岗区	335	525	919	1 390	1 643
汇川区	712	1 166	1 400	1 755	1 755
播州区	175	234	220	567	682
赤水市	43	78	128	105	168
仁怀市	195	249	453	651	838
桐梓县	76	109	100	147	207
湄潭县	98	121	141	173	271
余庆县	73	75	87	135	170
绥阳县	174	200	163	228	192
习水县	68	79	91	149	168
道真仡佬族苗族自治县	17	79	81	130	154
凤冈县	81	97	86	289	205
正安县	111	146	224	267	344
务川仡佬族苗族自治县	34	87	79	154	140
安顺市	590	1 045	1 519	1 707	1 930
西秀区	313	627	807	1 028	1 049
平坝区	145	118	477	414	562

续 7-1

分 布	2017 年	2018 年	2019 年	2020 年	2021 年
普定县	31	22	92	76	135
关岭布依族苗族自治县	51	127	74	39	48
镇宁布依族苗族自治县	43	130	41	102	90
紫云苗族布依族自治县	7	21	28	48	46
毕节市	420	837	1 043	1 761	2 125
七星关区	149	384	598	943	1 021
纳雍县	6	47	43	85	147
织金县	11	34	29	83	157
金沙县	111	169	83	142	250
黔西市	44	85	89	144	191
赫章县	25	30	21	85	100
大方县	59	66	103	177	164
威宁彝族回族苗族自治县	15	22	77	102	95
铜仁市	609	910	1 398	2 193	2 266
碧江区	292	437	839	1 212	1 127
万山区	61	54	49	150	53
玉屏侗族自治县	49	63	77	106	157
印江土家族苗族自治县	22	37	41	83	137
江口县	15	18	25	41	76
德江县	31	64	121	157	218
石阡县	32	26	43	101	90
思南县	37	94	97	144	203
沿河土家族自治县	15	24	53	89	71
松桃苗族自治县	55	93	53	110	134
黔西南布依族苗族自治州	404	762	1 197	1 471	1 425
兴义市	209	382	810	1 038	871
兴仁市	46	129	144	109	179
安龙县	27	38	61	91	114
普安县	19	65	36	63	52
册亨县	30	31	40	60	23
望谟县	32	25	41	23	24
贞丰县	20	58	31	67	113
晴隆县	21	34	34	20	49
黔东南苗族侗族自治州	1 183	1 510	1 739	2 145	2 345
凯里市	514	556	842	1 330	1 414
镇远县	28	59	74	47	74
施秉县	61	74	48	56	40

续 7-1

分 布	2017年	2018年	2019年	2020年	2021年
黄平县	105	98	85	60	84
榕江县	22	37	52	24	41
台江县	20	70	32	51	44
丹寨县	132	76	39	51	68
岑巩县	8	80	70	55	96
天柱县	10	11	32	60	69
黎平县	90	67	101	100	94
锦屏县	19	23	91	89	74
剑河县	38	45	70	51	44
雷山县	23	55	25	51	36
三穗县	13	61	62	64	71
从江县	58	151	69	19	31
麻江县	42	47	47	37	65
黔南布依族苗族自治州	1 000	1 270	1 613	2 275	2 876
都匀市	194	434	539	896	902
贵定县	77	48	72	104	130
福泉市	114	58	82	226	255
龙里县	153	179	183	316	544
长顺县	49	57	49	91	186
瓮安县	181	103	88	151	165
惠水县	62	112	167	228	248
罗甸县	8	113	87	59	62
荔波县	6	5	13	41	135
三都水族自治县	7	43	36	23	40
独山县	123	105	270	105	139
平塘县	26	13	27	35	70
按种类					
发明	1 875	2 081	1 900	2 268	2 824
实用新型	7 986	13 980	19 392	27 714	30 666
外观设计	2 698	3 395	3 437	4 989	5 777
按对象					
非职务发明专利	2 340	4 514	7 362	12 240	13 209
职务发明专利	10 219	14 942	17 367	22 731	26 058
大专院校	1 908	2 883	3 124	5 670	6 439
科研单位	301	375	346	385	2 046
工矿企业	7 656	10 473	11 479	14 091	17 041
机关团体	354	1 211	2 418	2 585	532

7-2 历年有效发明专利数(2017—2021)

单位:件

分布	2017年	2018年	2019年	2020年	2021年
总计	8 408	10 099	11 218	12 558	15 147
按地区					
贵阳市	5 256	6 151	6 779	7 390	8 918
六盘水市	172	234	263	263	310
遵义市	1 194	1 578	1 876	2 300	2 827
安顺市	548	642	647	707	779
毕节市	173	181	174	189	240
铜仁市	246	333	378	426	568
黔西南布依族苗族自治州	210	256	297	299	371
黔东南苗族侗族自治州	244	313	361	371	452
黔南布依族苗族自治州	365	411	443	613	682

7-3 专利授权数

单位:件

分 布	专利授权	发明	实用新型	外观设计
总　计	39 267	2 824	30 666	5 777
按地区				
贵阳市	17 154	1 768	13 618	1 768
云岩区	3 361	206	2 860	295
南明区	3 463	360	2 891	212
乌当区	786	67	624	95
白云区	1 270	194	972	104
花溪区	3 820	595	2 766	459
观山湖区	3 023	297	2 413	313
清镇市	815	17	635	163
开阳县	216	3	167	46
息烽县	148	12	126	10
修文县	252	17	164	71
六盘水市	2 209	67	1 941	201
钟山区	1 151	43	1 026	82
盘州市	687	18	602	67
六枝特区	172	4	137	31
水城区	199	2	176	21
遵义市	6 937	481	4 761	1 695
红花岗区	1 643	86	1 308	249
汇川区	1 755	158	1 419	178
播州区	682	28	598	56
赤水市	168	7	105	56
仁怀市	838	25	298	515
桐梓县	207	14	143	50
湄潭县	271	22	182	67
余庆县	170	11	97	62
绥阳县	192	25	128	39
习水县	168	16	101	51
道真仡佬族苗族自治县	154	36	103	15
凤冈县	205	23	77	105
正安县	344	9	146	189
务川仡佬族苗族自治县	140	21	56	63

续 7-3

分　布	专利授权	发明	实用新型	外观设计
安顺市	1 930	99	1 565	266
西秀区	1 049	42	876	131
平坝区	562	44	451	67
普定县	135	7	110	18
关岭布依族苗族自治县	48	1	33	14
镇宁布依族苗族自治县	90	5	59	26
紫云苗族布依族自治县	46		36	10
毕节市	2 125	64	1 669	392
七星关区	1 021	51	866	104
纳雍县	147	2	117	28
织金县	157	1	100	56
金沙县	250	2	154	94
黔西市	191	2	171	18
赫章县	100		69	31
大方县	164	3	110	51
威宁彝族回族苗族自治县	95	3	82	10
铜仁市	2 266	145	1 764	357
碧江区	1 127	86	925	116
万山区	53	12	36	5
玉屏侗族自治县	157	16	128	13
印江土家族苗族自治县	137	2	85	50
江口县	76		57	19
德江县	218	1	126	91
石阡县	90	11	71	8
思南县	203	6	173	24
沿河土家族自治县	71	6	56	9
松桃苗族自治县	134	5	107	22
黔西南布依族苗族自治州	1 425	70	1 184	171
兴义市	871	43	744	84
兴仁市	179	4	149	26
安龙县	114	9	85	20
普安县	52	5	40	7
册亨县	23	3	14	6
望谟县	24		16	8

续 7-3

分　布	专利授权	发明	实用新型	外观设计
贞丰县	113	3	93	17
晴隆县	49	3	43	3
黔东南苗族侗族自治州	2 345	56	1 780	509
凯里市	1 414	36	1 097	281
镇远县	74	2	61	11
施秉县	40		36	4
黄平县	84	4	37	43
榕江县	41		36	5
台江县	44		41	3
丹寨县	68	2	45	21
岑巩县	96		86	10
天柱县	69	1	63	5
黎平县	94	3	46	45
锦屏县	74	3	55	16
剑河县	44		39	5
雷山县	36	2	10	24
三穗县	71	2	53	16
从江县	31	1	21	9
麻江县	65		54	11
黔南布依族苗族自治州	2 876	74	2 384	418
都匀市	902	22	722	158
贵定县	130	1	110	19
福泉市	255	10	232	13
龙里县	544	8	481	55
长顺县	186	5	170	11
瓮安县	165	6	134	25
惠水县	248	7	185	56
罗甸县	62	5	52	5
荔波县	135	1	131	3
三都水族自治县	40		35	5
独山县	139	7	101	31
平塘县	70	2	31	37

7－4 历年技术市场合同登记情况(2017—2021)

分布	2017年		2018年		2019年		2020年		2021年	
	合同数/项	成交额/万元	合同数/项	成交额/万元	合同数/项	成交额/万元	合同数/项	成交额/万元	合同数/项	成交额/万元
总　计	1 676	478 032.0	2 812	1 714 021.4	2 906	2 271 758.1	3 438	2 491 169.6	5 592	2 892 651.3
按登记机构属地										
贵阳市	456	282 320.7	506	804 996.9	276	774 350.3	1214	826 347.9	2309	1 081 744.3
六盘水市	20	238.0	7	1 320.0	49	10 886.5	131	186 921.0	252	224 766.8
遵义市	111	23 842.5	176	80 782.5	207	241 392.8	346	264 287.7	612	281 699.1
安顺市	97	11 016.0	30	34 739.8	30	95 396.6	20	113 287.1	155	199 769.9
毕节市	200	35 709.6	101	96 137.9	112	97 734.1	86	192 119.2	231	210 516.9
铜仁市	144	11 079.9	95	8 737.7	143	85 756.8	273	206 164.1	320	232 716.1
黔西南布依族苗族自治州	44	14 361.7	58	196 983.6	94	220 896.2	149	176 250.0	200	190 786.4
黔东南苗族侗族自治州	423	72 159.6	485	115 867.8	573	156 069.5	344	145 539.5	407	150 269.7
黔南布依族苗族自治州	181	27 304.0	359	135 402.0	557	194 389.0	810	275 970.5	1106	320 382.1
按合同类别										
技术开发	1277	412 094.8	620	341 120.3	925	437 606.6	827	808 982.3	1541	651 726.9
技术转让	55	40 134.5	35	28 481.1	39	11 231.0	67	29 514.0	107	21 962.7
技术咨询	719	97 602.6	1 316	189 660.9	869	164 123.9	636	272 132.4	479	180 253.1
技术服务	906	288 587.7	841	1 154 759.2	1 073	1 658 796.7	1 908	1 380 541.0	3 465	2 038 708.7
按计划类别										
国家计划	11	1 076.6	5	27 507.9	1	174.0	6	12 051.0	42	11 366.3
部门计划	10	253.3	8	28 067.7	4	229.9	20	30 400.3	22	7 440.5
省计划	1 200	364 433.2	870	277 732.7	689	218 721.3	527	409 294.5	1 193	436 452.7
地市县计划	217	95 693.3	169	324 056.1	182	338 030.1	580	495 826.5	611	378 483.0
计划外	1 519	376 963.2	1 760	1 056 657.1	2 030	1 714 603.0	2 299	1 541 416.7	3 719	2 058 518.0
师市、院校计划							6	2 180.6	5	390.9
按技术领域										
电子信息	395	107 655.1	352	103 254.9	255	77 197.0	346	106 914.9	948	355 498.4
航空航天	156	45 559.0	50	50 634.7	55	37 046.1	72	48 633.4	188	68 272.3
先进制造	106	25 422.4	125	64 267.1	117	79 464.6	115	77 532.9	243	148 801.4
生物、医药和医疗器械	348	38 407.4	401	29 722.5	177	35 984.3	373	49 200.8	604	80 634.6
新材料及其应用	156	46 191.6	108	52 587.4	77	36 363.1	177	92 647.0	276	111 868.7
新能源与高效节能	82	22 104.1	45	78 965.9	68	38 485.4	190	354 843.6	261	214 419.2
环境保护与资源综合利用	193	111 632.8	232	149 659.2	282	321 732.2	332	257 892.1	440	307 137.9
核应用			1	6.8			2	1 010.0	1	40.0
农业	825	226 252.5	514	206 202.6	672	199 751.1	689	337 728.9	845	316 380.6
现代交通	32	5 151.6	96	161 443.2	111	400 801.0	74	74 213.6	121	179 282.1
城市建设与社会发展	664	210 043.1	888	817 277.1	1 092	1 044 933.3	1 068	1 090 552.5	1 665	1 110 316.0

续 7 – 4

分　布	2017 年		2018 年		2019 年		2020 年		2021 年	
	合同数/项	成交额/万元	合同数/项	成交额/万元	合同数/项	成交额/万元	合同数/项	成交额/万元	合同数/项	成交额/万元
按社会经济目标										
农林牧渔业发展	796	220 644.7	483	184 758.2	635	220 193.0	526	261 751.2	756	323 800.0
工商业发展	165	46 997.0	178	86 934.8	184	154 148.8	174	84 327.8	375	144 807.5
能源生产、分配和合理利用	106	30 582.6	71	108 314.1	99	66 746.2	178	402 669.6	284	253 326.9
基础设施的发展*	442	115 163.1	388	595 985.1	439	1 010 472.5	424	459 886.9	554	516 893.8
环境保护、生态建设及污染防治	146	105 241.1	194	151 950.9	201	220 315.1	185	171 096.4	344	307 685.2
卫生事业发展	277	20 139.6	289	18 119.6	141	21 557.3	240	23 349.6	508	78 799.5
社会发展和社会服务	506	158 895.8	437	291 674.2	337	267 514.1	1 044	768 474.8	1 842	871 948.4
地球和大气层的探索与利用	7	226.0	4	468.0	25	4 650.7	3	909.5	5	405.6
教育事业发展	60	19 639.9	97	11 488.2	98	29 231.5	82	9 071.4	92	19 558.6
民用空间探测及开发	10	9 837.8	12	3 162.5	20	1 431.4	3	8 208.0	45	9 303.4
国防	171	40 673.1	57	47 517.5	50	34 426.6	73	30 540.7	138	58 299.2
非定向研究	47	12 006.1	95	8 610.8	42	8 824.4	18	6 136.5	107	16 336.0
其他民用目标	224	58 372.8	507	205 037.6	635	232 246.6	488	264 747.4	542	291 487.3
按知识产权										
技术秘密	647	239 240.0	133	152 102.7	207	144 584.1	175	185 826.0	299	210 669.1
专利	346	223 138.9	77	238 121.9	292	484 391.2	211	159 483.5	296	233 171.5
计算机软件著作权	76	11 239.2	72	20 157.7	67	31 532.0	62	8 746.7	117	21 152.5
动植物新品种**	17	10 942.8	1	20 500.0	9	406.0	5	1 019.7	13	1 395.2
集成电路布图设计专有权									7	4 349.0
生物、医药新品种	15	1 491.5	18	1 973.0	3	46.0	2	272.0	63	1 414.3
设计著作权	4	221.4	9	260.0	11	15 196.5	7	3 886.3	6	986.3
未涉及知识产权	1 852	352 145.7	2 502	1 280 906.2	2 317	1 595 602.4	2 976	2 131 935.5	4 791	2 419 513.5
按买方类别										
机关法人	1 464	414 800.5	1 045	348 694.7	1 085	638 074.6	1 749	877 889.6	2 145	842 643.8
事业法人	415	55 701.4	463	203 611.0	465	91 415.8	337	138 641.9	454	191 237.5
社团法人	28	1 206.4	10	805.3	4	67.0	6	31 256.3	3	202.0
企业法人	1 015	365 275.9	1 086	1 130 123.4	1 284	1 501 303.6	1 332	1 440 953.8	2 958	1 856 330.5
自然人	19	740.5	194	29 916.9	22	2 496.6	10	182.8	9	64.6
其他组织	16	695.0	14	870.1	46	38 400.5	4	2 245.2	23	2 173.0
按卖方类别										
机关法人	105	105 990.2	110	67 307.8	11	9 931.0	67	178 239.1	137	111 195.2
事业法人	1 246	122 179.4	1 115	155 998.9	683	105 867.0	1 033	212 202.4	1 344	217 528.4
社团法人	15	6 453.2	7	6 037.0	10	5 824.8	3	72.0	1	40.0
企业法人	1 546	564 288.9	1 553	1 477 475.6	2 189	2 147 760.3	2 327	2 097 824.1	3 996	2 540 178.7
自然人	12	1 982.0	13	2 447.1	8	2 258.0	4	1 951.0	110	23 441.7
其他组织	33	37 525.9	14	4 755.0	5	117.0	4	881.0	4	267.3

*:“基础设施的发展”从 2018 年起改为“基础设施以及城市和农村规划”,表 7 – 5 同。

* *:“动植物新品种”从 2018 年起改为“植物新品种”,表 7 – 5 同。

7－5 历年技术吸纳合同登记情况(2017—2021)

分布	2017年		2018年		2019年		2020年		2021年	
	合同数/项	成交额/万元	合同数/项	成交额/万元	合同数/项	成交额/万元	合同数/项	成交额/万元	合同数/项	成交额/万元
总　计	5 615	1 932 986.6	5 408	5 133 301.9	5 770	3 989 215.2	6 062	5 561 194.9	8 160	5 998 650.4
按买方地区										
贵阳市	2 708	1 181 710.6	2 669	1 860 859.6	2 688	2 231 231.7	3 162	1 564 042.9	4 311	1 940 052.0
六盘水市	153	44 769.3	176	39 066.8	223	185 760.1	214	202 008.4	296	194 867.6
遵义市	420	137 641.5	422	438 484.3	481	434 543.0	569	342 496.0	725	844 367.3
安顺市	356	163 941.9	197	80 640.1	149	128 155.3	120	248 747.0	201	174 811.1
毕节市	492	88 845.3	321	601 610.4	349	205 533.0	231	422 570.4	322	235 506.5
铜仁市	311	28 453.0	277	118 194.1	289	125 410.3	249	1 961 868.7	395	1 379 887.7
黔西南布依族苗族自治州	171	35 234.9	175	227 290.7	177	267 758.5	224	281 546.3	327	692 280.0
黔东南苗族侗族自治州	631	94 870.9	649	1 578 510.2	695	167 738.4	416	150 874.2	323	58 112.0
黔南布依族苗族自治州	373	157 519.3	522	188 645.6	719	243 084.9	877	387 041.0	1 260	478 766.0
按合同类别										
技术开发	2 580	550 924.4	1 916	572 141.2	2 093	765 376.4	1 720	1 043 181.5	2 449	899 660.9
技术转让	129	57 618.0	86	56 127.8	91	15 963.0	118	43 854.8	132	81 611.3
技术咨询	943	140 385.3	1 491	215 975.3	1 123	249 107.2	848	263 905.8	671	207 193.8
技术服务	1 963	1 184 058.9	1 915	4 289 057.6	2 463	2 958 768.5	3 376	4 210 252.7	4 908	4 810 184.3
按社会经济目标										
农林牧渔业发展	968	280 547.9	585	223 075.8	710	244 257.8	662	295 121.7	886	327 488.3
工商业发展	373	118 834.3	333	147 992.1	417	374 368.2	434	405 712.8	572	232 566.3
能源生产、分配和合理利用	238	58 715.0	215	160 953.3	292	154 515.8	374	494 723.9	514	422 346.5
基础设施的发展	668	428 581.0	643	3 057 707.1	644	1 224 730.1	647	1 749 930.4	746	1 911 330.9
环境保护、生态建设及污染防治	357	145 273.9	366	240 441.4	343	296 272.8	367	209 634.4	544	332 486.9
卫生事业发展	365	45 579.3	368	61 172.3	203	40 564.7	321	44 951.7	566	80 052.3
社会发展和社会服务	1 661	567 868.3	1 643	713 797.5	1 582	1 156 074.2	1 840	1 733 232.3	2 609	1 631 568.4
地球和大气层的探索与利用	15	419.8	16	709.2	27	52 557.5	6	949.3	16	1 008.1
教育事业发展	127	33 177.8	175	19 102.5	192	34 216.1	201	18 030.3	194	27 824.6
民用空间探测及开发	35	11 165.3	16	2 969.8	29	2 967.9	18	9 693.9	19	16 114.6
国防	173	42 532.1	124	37 133.3	92	31 882.4	126	34 238.7	169	67 844.1
非定向研究	106	88 077.0	158	54 473.0	145	40 656.6	102	21 724.1	219	62 907.2
其他民用目标	529	112 214.8	766	413 774.7	1 094	336 151.3	964	543 251.3	1 106	885 112.2

续 7-5

分布	2017年 合同数/项	2017年 成交额/万元	2018年 合同数/项	2018年 成交额/万元	2019年 合同数/项	2019年 成交额/万元	2020年 合同数/项	2020年 成交额/万元	2021年 合同数/项	2021年 成交额/万元
按技术领域										
电子信息	1 718	261 391.5	1 694	280 325.0	1 705	302 305.3	1 423	342 555.4	2 067	564 765.5
航空航天	167	48 387.9	116	41 547.1	79	36 445.5	129	44 689.3	165	64 419.4
先进制造	297	110 882.0	218	160 624.5	377	319 406.9	323	371 071.0	474	384 604.9
生物、医药和医疗器械	489	74 291.8	491	86 732.1	263	65 619.9	502	95 992.1	711	122 357.4
新材料及其应用	199	58 761.0	170	59 123.2	127	37 039.0	218	91 548.4	328	224 503.2
新能源与高效节能	204	47 855.2	148	138 085.7	225	382 025.1	359	482 755.3	455	566 099.1
环境保护与资源综合利用	430	165 199.8	461	273 676.6	503	445 504.8	614	409 209.4	717	406 056.4
核应用	2	234.7	2	11.3	1	195.0	1	10.0	2	43.0
农业	986	284 110.3	618	243 697.1	747	225 814.6	858	384 634.8	1 005	323 352.5
现代交通	146	302 680.8	239	2 134 685.6	294	456 081.4	240	1 223 453.4	238	1 126 122.0
城市建设与社会发展	977	579 191.6	1 251	1 714 793.7	1 449	1 718 777.7	1 395	2 115 275.7	1 998	2 216 327.0
按知识产权										
技术秘密	1 489	342 160.7	1 054	289 375.5	942	365 620.0	772	415 143.5	774	802 804.6
专利	436	458 922.7	162	847 256.9	355	1 164 882.9	320	1 250 738.7	432	577 797.7
计算机软件著作权	429	60 467.4	377	75 492.5	403	94 109.0	392	69 207.5	499	100 747.8
动植物新品种	20	11 758.8	11	23 178.0	16	1 281.0	10	2 219.7	21	2 312.1
集成电路布图设计专有权	5	776.2	7	1 404.0	1	252.6	3	960.0	5	1 117.0
生物、医药新品种	27	6 199.0	21	3 020.6	7	1 953.9	13	5 341.0	66	3 047.5
设计著作权	19	1 714.0	22	5 211.2	26	35 657.3	17	40 292.9	26	9 417.9
未涉及知识产权	3 190	1 050 987.8	3 754	3 888 363.3	4 020	2 325 458.5	4 535	3 777 291.6	6 337	4 501 406.0
按买方类别										
机关法人	1 827	514 685.5	1 359	486 338.9	1 384	685 470.2	1 912	904 216.9	2 311	897 725.4
事业法人	683	88 116.2	770	249 147.3	788	212 187.6	746	158 156.6	762	220 177.9
社团法人	33	1 263.4	13	782.0	6	4 741.1	11	1 369.7	7	344.2
企业法人	3 004	1 325 443.7	3 009	4 250 841.6	3 471	3 075 172.5	3 345	4 492 386.1	4 992	3 903 941.6
自然人	39	1 945.5	220	30 960.7	45	3 364.5	24	1 005.6	36	3 207.9
其他组织	29	1 532.4	37	115 231.4	76	8 279.4	24	4 060.0	52	973 253.3
按卖方地区										
安徽省	55	22 690.6	45	17 355.5	56	16 056.8	34	2 002.3	30	14 335.8
北京市	846	550 379.3	793	2 258 982.5	798	797 018.2	763	1 297 905.2	866	1 360 246.8

续 7-5

分布	2017年 合同数/项	2017年 成交额/万元	2018年 合同数/项	2018年 成交额/万元	2019年 合同数/项	2019年 成交额/万元	2020年 合同数/项	2020年 成交额/万元	2021年 合同数/项	2021年 成交额/万元
福建省	28	1 539.3	63	8 844.9	58	25 545.1	62	8 517.9	84	13 481.4
甘肃省	37	15 581.6	23	123 175.1	14	45 063.1	15	16 128.1	13	7 964.5
广东省	150	29 573.6	167	55 781.3	240	145 967.8	190	948 177.7	233	594 730.6
广西壮族自治区	3	153.5	8	86.3	1	100.0	11	1 143.2	14	25 834.1
贵州省	2 718	774 841.5	2 640	1 593 994.8	2 686	2 043 865.1	3 226	2 289 807.1	4 899	2 373 042.8
海南省	7	31 010.5	3	4 031.6			3	7 150.0	2	12.6
河北省	1	5.5	21	2 264.7	17	853.7	21	8 106.5	31	104 359.8
河南省	9	1 546.1	28	3 060.6	42	11 379.8	36	9 289.9	81	23 907.8
黑龙江省	19	3 214.2	1	24.6	15	663.7	32	3 226.5	28	8 240.8
湖北省	5	1 337.5	182	87 658.7	381	119 691.3	332	92 705.7	396	150 050.7
湖南省	252	142 453.8	71	70 008.1	112	52 290.2	129	168 711.6	153	117 164.8
吉林省	57	97 656.4	21	1 957.3	10	985.3	3	148.6	11	959.5
江苏省	18	6 396.1	197	172 906.6	194	53 327.8	249	43 522.9	269	54 249.0
江西省	250	16 878.3	12	5 328.9	15	20 074.7	23	21 747.3	9	21 679.6
辽宁省	19	7 815.5	68	30 209.8	39	9 736.9	54	16 139.1	63	292 990.3
内蒙古自治区			8	1 055.0						
宁夏回族自治区			1	38.8	2	122.0	1	68.0		
青海省	65	8 791.7	2	120.0			3	189.3	1	75.6
山东省	1	13 085.9	87	17 867.7	87	29 584.9	112	40 043.2	115	63 826.3
山西省	55	11 886.3	1	30.0	2	6.0	5	1 241.0	2	12.0
陕西省	3	3.0	165	93 308.0	240	152 278.3	195	24 725.1	247	296 263.8
上海市	182	19 889.8	86	96 082.0	132	26 687.4	123	33 099.4	166	80 055.6
四川省	65	11 515.3	564	427 650.0	413	209 037.8	265	265 594.7	158	246 460.4
天津市	563	23 409.4	34	22 743.7	63	58 830.9	37	87 712.2	47	10 541.8
西藏自治区							2	307.0	3	1 280.8
香港特别行政区	48	110 782.5								
新疆维吾尔自治区									3	140.0
云南省	1	2 400.0	40	4 634.8	39	7 618.2	23	2 145.6	45	3 179.1
浙江省	1	0.4	48	13 496.3	65	156 085.4	68	160 309.3	112	112 898.6
重庆市	68	12 935.0	28	17 397.9	49	6 345.1	44	11 310.8	79	20 665.4
台湾省	48	12 941.4								
澳门特别行政区							1	19.8		
国外	41	2 272.7	1	3 206.2						

7-6　技术市场合同登记情况

分　布	合同数/项	成交额/万元	#技术交易额
总　计	5 592	2 892 651.4	1 600 119.5
按登记机构属地			
贵阳市	2 309	1 081 744.3	824 974.3
六盘水市	252	224 766.8	23 272.4
遵义市	612	281 699.1	63 713.8
安顺市	155	199 769.9	29 282.4
毕节市	231	210 516.9	78 805.5
铜仁市	320	232 716.1	123 337.9
黔西南布依族苗族自治州	200	190 786.4	57 926.6
黔东南苗族侗族自治州	407	150 269.7	123 425.8
黔南布依族苗族自治州	1 106	320 382.1	275 380.9
按合同类别			
技术开发	1 541	651 726.9	348 504.0
技术转让	107	21 962.7	21 499.6
技术咨询	479	180 253.1	55 436.7
技术服务	3 465	2 038 708.7	1 174 679.3
按计划类别			
国家计划	42	11 366.3	11 295.8
部门计划	22	7 440.5	4 950.9
省计划	1 193	436 452.7	208 834.0
地市县计划	611	378 483.0	111 676.9
计划外	3 719	2 058 518.0	1 263 200.2
师市、院校计划	5	390.9	161.6
按技术领域			
电子信息	948	355 498.4	269 460.0
航空航天	188	68 272.3	53 915.6
先进制造	243	148 801.4	47 718.1
生物、医药和医疗器械	604	80 634.6	45 120.9
新材料及其应用	276	111 868.7	49 442.3
新能源与高效节能	261	214 419.2	80 573.9
环境保护与资源综合利用	440	307 137.9	128 606.5
核应用	1	40.0	36.8
农业	845	316 380.6	214 670.5
现代交通	121	179 282.1	130 718.0
城市建设与社会发展	1 665	1 110 316.0	579 856.9

续 7-6

分 布	合同数/项	成交额/万元	#技术交易额
按社会经济目标			
农林牧渔业发展	756	323 800.0	187 682.0
工商业发展	375	144 807.5	90 711.6
能源生产、分配和合理利用	284	253 326.9	75 280.1
基础设施以及城市和农村规划	554	516 893.8	239 936.7
环境保护、生态建设及污染防治	344	307 685.2	102 535.8
卫生事业发展	508	78 799.5	52 766.2
社会发展和社会服务	1 842	871 948.4	615 981.6
地球和大气层的探索与利用	5	405.6	173.1
教育事业发展	92	19 558.6	4 057.1
民用空间探测开发	45	9 303.4	2 531.8
国防	138	58 299.2	49 607.2
非定向研究	107	16 336.0	5 247.0
其他民用目标	542	291 487.3	173 609.5
按知识产权			
技术秘密	299	210 669.1	41 844.2
专利	296	233 171.5	173 054.1
计算机软件著作权	117	21 152.5	15 454.3
植物新品种	13	1 395.2	996.1
集成电路布图设计专有权	7	4 349.0	4 249.8
生物、医药新品种	63	1 414.3	1 076.4
设计著作权	6	986.3	901.3
未涉及知识产权	4 791	2 419 513.5	1 362 543.2
按买方类别			
机关法人	2 145	842 643.8	416 732.1
事业法人	454	191 237.5	105 202.1
社团法人	3	202.0	35.0
企业法人	2 958	1 856 330.5	1 076 124.9
自然人	9	64.6	64.6
其他组织	23	2 173.0	1 960.8
按买方地区			
北京市	179	49 022.5	45 951.1
上海市	41	27 820.3	17 943.3
广东省	42	42 093.7	16 668.4
广西壮族自治区	30	32 329.2	19 791.4

续 7-6

分　布	合同数/项	成交额/万元	#技术交易额
贵州省	4 899	2 373 042.8	1 210 588.0
海南省	1	1 500.0	1 500.0
河南省	11	8 996.7	8 991.6
河北省	14	4 726.2	2 014.0
湖北省	53	20 814.7	19 907.1
湖南省	24	18 424.1	10 033.6
吉林省	1	4.9	4.9
江苏省	44	14 842.3	9 797.7
江西省	13	2 974.9	2 162.5
辽宁省	19	10 952.0	2 557.3
黑龙江省	3	1 492.2	105.8
内蒙古自治区	8	4 720.8	4 284.3
青海省	1	338.0	338.0
山东省	11	5 110.3	4 650.3
山西省	13	19 093.1	13 305.7
安徽省	6	2 129.0	2 112.3
陕西省	26	18 452.9	7 916.2
甘肃省	1	2 988.0	2 988.0
四川省	58	86 665.6	85 353.5
天津市	4	3 226.5	3 226.5
新疆维吾尔自治区	1	408.0	408.0
西藏自治区	7	61 188.7	36 418.7
云南省	30	56 215.9	49 642.8
浙江省	20	537.6	475.3
福建省	6	1 068.6	1 068.6
重庆市	22	17 316.0	15 761.5
国外	4	4 155.8	4 153.3
按卖方类别			
机关法人	137	111 195.2	77 014.7
事业法人	1 344	217 528.4	117 708.0
社团法人	1	40.0	15.0
企业法人	3 996	2 540 178.7	1 381 810.3
自然人	110	23 441.7	23 326.7
其他组织	4	267.3	244.8

7-7 技术吸纳合同登记情况

分布	合同数/项	成交额/万元	#技术交易额
总　计	8 160	5 998 650.4	3 705 341.8
按合同类型			
技术开发	2 449	899 660.9	580 058.1
技术转让	132	81 611.3	81 407.2
技术咨询	671	207 193.8	76 663.9
技术服务	4 908	4 810 184.3	2 967 212.6
按社会经济目标			
农林牧渔业发展	886	327 488.3	192 855.8
工商业发展	572	232 566.3	156 738.8
能源生产、分配和合理利用	514	422 346.5	187 729.5
基础设施以及城市和农村规划	746	1 911 330.9	1 374 594.9
环境保护、生态建设及污染防治	544	332 486.9	144 612.0
卫生事业发展	566	80 052.3	54 791.8
社会发展和社会服务	2 609	1 631 568.4	1 027 224.0
地球和大气层的探索与利用	16	1 008.1	755.6
教育事业发展	194	27 824.6	11 560.2
民用空间探测及开发	19	16 114.6	10 874.6
国防	169	67 844.1	57 398.0
非定向研究	219	62 907.2	47 979.3
其他民用目标	1 106	885 112.2	438 227.3
按技术领域			
电子信息	2 067	564 765.5	459 453.5
航空航天	165	64 419.4	52 912.8
先进制造	474	384 604.9	220 070.9
生物、医药和医疗器械	711	122 357.4	75 597.4
新材料及其应用	328	224 503.2	136 548.2
新能源与高效节能	455	566 099.1	271 641.4
环境保护与资源综合利用	717	406 056.4	194 291.0
核应用	2	43.0	39.8
农业	1 005	323 352.5	224 020.5
现代交通	238	1 126 122.0	888 279.7
城市建设与社会发展	1 998	2 216 327.0	1 182 486.6
按知识产权			
技术秘密	774	802 804.6	310 018.7
专利	432	577 797.7	419 400.0

续 7-7

分　布	合同数/项	成交额/万元	#技术交易额
计算机软件著作权	499	100 747.8	92 723.7
植物新品种	21	2 312.1	1 913.0
集成电路布图设计专有权	5	1 117.0	1 117.0
生物、医药新品种	66	3 047.5	2 709.6
设计著作权	26	9 417.9	9 190.9
未涉及知识产权	6 337	4 501 406.0	2 868 269.0
按买方类别			
机关法人	2 311	897 725.4	459 714.0
事业法人	762	220 177.9	133 483.3
社团法人	7	344.2	177.2
企业法人	4 992	3 903 941.6	2 305 563.8
自然人	36	3 207.9	2 885.6
其他组织	52	973 253.3	803 517.9
按买方城市			
贵阳市	4 311	1 940 052.0	1 422 275.3
吸纳省内	2 191	918 948.4	601 825.6
吸纳省外	2 120	1 021 103.6	820 449.6
六盘水市	296	194 867.6	35 534.5
吸纳省内	189	171 697.2	14 735.4
吸纳省外	107	23 170.4	20 799.1
遵义市	725	844 367.3	289 007.7
吸纳省内	402	262 360.4	61 084.5
吸纳省外	323	582 006.9	227 923.2
安顺市	201	174 811.1	36 954.2
吸纳省内	100	156 458.5	19 845.1
吸纳省外	101	18 352.7	17 109.0
毕节市	322	235 506.5	103 263.1
吸纳省内	181	161 802.8	68 183.2
吸纳省外	141	73 703.7	35 079.9
铜仁市	395	1 379 887.7	1 081 582.9
吸纳省内	291	213 825.2	113 174.3
吸纳省外	104	1 166 062.5	968 408.6
黔西南布依族苗族自治州	327	692 280.0	265 245.4
吸纳省内	185	149 322.0	35 074.7
吸纳省外	142	542 958.0	230 170.8

续 7-7

分　布	合同数/项	成交额/万元	#技术交易额
黔东南苗族侗族自治州	323	58 112.0	44 407.1
吸纳省内	234	30 427.0	24 379.8
吸纳省外	89	27 685.0	20 027.3
黔南布依族苗族自治州	1 260	478 766.0	427 071.6
吸纳省内	1 126	308 201.3	272 285.4
吸纳省外	134	170 564.8	154 786.2
按卖方地区			
安徽省	30	14 335.8	12 713.5
北京市	866	1 360 246.8	1 104 221.1
福建省	84	13 481.4	12 433.4
甘肃省	13	7 964.5	7 840.3
广东省	233	594 730.6	231 807.0
广西壮族自治区	14	25 834.1	21 681.9
贵州省	4 899	2 373 042.8	1 210 588.0
海南省	2	12.6	12.6
河北省	31	104 359.8	59 686.1
河南省	81	23 907.8	10 749.8
黑龙江省	28	8 240.8	2 649.2
湖北省	396	150 050.7	50 862.5
湖南省	153	117 164.8	46 417.2
吉林省	11	959.5	959.5
江苏省	269	54 249.0	43 916.0
江西省	9	21 679.6	21 679.6
辽宁省	63	292 990.3	161 339.7
青海省	1	75.6	75.6
山东省	115	63 826.3	62 632.9
山西省	2	12.0	12.0
陕西省	247	296 263.8	273 681.4
上海市	166	80 055.6	79 125.9
四川省	158	246 460.4	154 749.8
天津市	47	10 541.8	10 447.5
西藏自治区	3	1 280.8	1 057.4
新疆维吾尔自治区	3	140.0	140.0
云南省	45	3 179.1	3 151.0
浙江省	112	112 898.6	100 758.7
重庆市	79	20 665.4	19 952.5

7-8 历年科技成果登记情况(2017—2021)

指　标	2017 年	2018 年	2019 年	2020 年	2021 年
成果登记数/项	144	65	220	198	199
成果产生的发明专利数/件	316	166	489	408	514
根据成果制订标准数/个	3	2	1	5	2
成果登记数分布情况					
按地区					
贵阳市	121	53	169	104	112
六盘水市		1	1	4	5
遵义市	12	3	22	17	22
安顺市	1		5	1	2
毕节市	1		8	3	0
铜仁市	2	2	1	6	9
黔西南布依族苗族自治州	2	1	11	61	38
黔东南苗族侗族自治州	2	1	3		2
黔南布依族苗族自治州	3	4		2	9
按单位属性					
独立科研机构	28	11	31	10	17
大专院校	56	20	111	76	86
企业	45	20	54	86	73
医疗机构	6	2	12	12	12
其他	9	12	12	14	11
按成果类型					
#基础理论成果	36	13	61	34	63
应用技术成果	108	50	156	164	135
按成果应用属性					
#原始性创新	54	23	88	77	59
国外引进消化吸收创新	12	2	27	15	6
国内技术二次开发	42	25	41	72	70
按成果来源					
国家科技计划	41	10	76	42	65
部门计划	16	4	18	25	17
地方计划	34	18	48	70	78
基金计划	19	9	41	23	20
其他	34	24	37	38	19
按成果评价					
#国际水平	17	7	37	27	20

续 7-8

指标	2017年	2018年	2019年	2020年	2021年
国内领先	26	11	40	26	13
国内先进	5	4	29	18	9
成果完成人情况/人次	1 468	672	1 662	1 409	1 482
按学历					
博士	369	109	509	301	384
硕士	444	258	473	376	390
大本	589	268	594	546	565
大专	54	33	69	137	104
中专	9	3	11	34	9
其他	3	1	6	15	30
按年龄结构					
35岁以下（含35岁）	403	202	384	321	401
36~45岁	516	259	601	548	588
46~55岁	449	161	500	373	328
56~65岁	89	47	160	152	142
66岁以上	11	3	17	15	23
按技术职称					
院士	3		1	1	3
正高	410	127	546	351	384
副高	544	265	574	430	460
中级	403	224	421	383	390
初级	54	27	57	110	95
其他	54	29	63	134	150
项目投资额/万元	164 272	109 147	167 401	265 651	102 615
国家资金	70 195	5 468	14 593	12 137	9 012
部门资金	2 803	82	7 689	161 711	765
地方资金	34 754	38 232	17 882	16 001	27 073
基金投入	240	81	1 435	594	1 065
自有资金	54 069	65 233	84 014	68 804	52 302
银行贷款	900				
国外资金	86			72	
其他资金	1 225	51	41 788	6 332	12 398
经济效益项目数/项	74	40	86	93	83
净利润/万元	2 581 655	30 119	120 644	215 107	556 509
实交税金/万元	2 270 754	11 753	50 185	98 672	143 202

7-9 科技成果登记情况

指 标	总 计	独立科研机构	大专院校	企业	医疗机构	其他
基本情况/项						
登记成果数	199	17	86	73	12	11
鉴定项目数	15	3	4	8		
验收项目数	142	11	51	59	10	11
评审项目数	1		1			
行业准入数						
评估项目数	1			1		
机构评价数	6	1	1	4		
结题项目数	31	1	28		2	
知识产权授权数	3	1	1	1		
知识产权数	821	76	191	512	13	29
发明专利数	514	52	167	286		9
实用新型专利数	232	16	16	181	5	14
外观设计专利数	2	2				
软件著作权数	23	2	1	19		1
其他	50	4	7	26	8	5
已授权专利数	537	60	159	296	5	17
制订标准数	2			2		
国际标准						
国家标准						
行业标准						
地方标准	1			1		
企业标准	1			1		
成果类别/项						
应用技术成果	135	13	30	73	10	9
基础理论成果	63	4	56		2	1
软科学成果	1					1
课题来源/项						
国家科技计划	65	5	52	5	3	
国家自然科学基金	47	3	41		3	
国家科技重大专项	4		3	1		
国家重点研发计划	2			2		
技术创新引导计划						
基地和人才专项						
重点基础研究发展计划(973计划)	2		1	1		

续 7-9

指　标	总计	独立科研机构	大专院校	企业	医疗机构	其他
高技术研究发展计划（863 计划）	1		1			
国家科技支撑计划	2	1	1			
国家重大科学研究计划						
星火计划						
火炬计划						
科技惠民计划						
国家重点新产品计划						
国家软科学研究计划						
国际科技合作专项						
中欧中小企业节能减排科研合作资金						
创新人才推进计划						
国家重点实验室						
科技基础条件平台						
国家工程技术研究中心						
科技型中小企业技术创新基金	1			1		
科研院所技术开发研究专项资金						
农业科技成果转化资金	1		1			
科技富民强县专项行动计划						
科技基础性工作专项						
国家磁约束核聚变能发展研究专项						
重大科学仪器设备开发专项						
国家其他科技计划	5	1	4			
部门计划	17	2	3	6	1	5
地方计划	78	10	11	45	8	4
部门基金	2		2			
地方基金	18		16			2
民间基金						
国际合作	1		1			
横向委托	2			2		
自选	9			9		
其他	7		1	6		
项目投资						
经费实际投入额/万元	102 615	17 039	10 917	73 403	195	1 061
国家投入	9 012	536	3 836	4 602	38	
部门投入	765		705	41		19

续 7-9

指　标	总　计	独立科研机构	大专院校	企业	医疗机构	其他
地方投入	27 073	10 777	2 798	12 783	27	688
基金投入	1 065		847	100	118	
自有资金	52 302	1 311	1 837	48 790	10	354
银行贷款						
国外资金						
其他	12 398	4 415	894	7 087	2	
成果完成人情况/人次						
文化程度:博士研究生	384	61	241	55	21	6
硕士研究生	390	50	182	123	14	21
本科生	565	44	71	355	48	47
大专生	104	5	4	73	4	18
中专生	9			9		
其他	30	1	1	28		
年龄结构:35 岁以下(含 35 岁)	401	51	125	190	20	15
36~45 岁	588	52	197	259	39	41
46~55 岁	328	37	97	149	20	25
56~65 岁	142	20	64	40	7	11
66 岁以上	23	1	16	5	1	
技术职称:院士	3		2	1		
正高	384	38	209	98	18	21
副高	460	58	154	196	32	20
中级	390	41	102	188	24	35
初级	95	7	22	48	13	5
其他	150	17	10	112		11
成果属性/项						
原始性创新	59	9	19	26	2	3
国外引进消化吸收创新	6		3	2	1	
国内技术二次开发	70	4	8	45	7	6
成果水平/项						
国际领先	7	1	1	5		
国际先进	13	3	1	8		1
国内领先	13	2	4	7		
国内先进	9		3	6		
国内一般	23	1		13	6	3
未评价	70	6	21	34	4	5

续 7-9

指标	总计	独立科研机构	大专院校	企业	医疗机构	其他
成果所处阶段/项						
初期阶段	20	1	1	13		5
中期阶段	8		3	4	1	
成熟应用阶段	107	12	26	56	9	4
所属高新技术领域/项						
电子信息	13	1	1	10		1
先进制造	17	1		16		
航空航天	3			3		
现代交通						
生物、医药和医疗器械	23	1	10		10	2
新材料	11	1	5	4		1
新能源与高效节能	6		2	4		
环境保护	8		2	6		
地球、空间与海洋	2	1	1			
核应用技术						
现代农业	40	6	8	21		5
成果应用行业/项						
农、林、牧、渔业	52	9	9	28		6
采矿业	7	1	3	3		
制造业	18	1	5	12		
电力、燃气及水的生产和供应业	5			5		
建筑业	4			4		
批发和零售业						
交通运输、仓储和邮政业	3			3		
住宿和餐饮业	1				1	
信息传输、计算机服务和软件业	7		1	6		
金融业						
房地产业						
租赁和商务服务业						
科学研究、技术服务和地质勘查业	4		1	3		
水利、环境和公共设施管理业	5		2	3		
居民服务和其他服务业	1			1		
教育						
卫生、社会保障和社会福利业	25	1	9	5	9	1
文化、体育和娱乐业	1	1				

续 7-9

指　标	总　计	独立科研机构	大专院校	企业	医疗机构	其他
公共管理和社会组织	2					2
国际组织						
成果应用情况/项						
产业化应用项目数	70	8	22	37		3
#已转化项目数	52	7	9	35		1
小批量或小范围应用项目数	45	5	7	25	8	
试用项目数	9		1	1	2	5
应用后停用项目数	5			5		
#资金问题	2			2		
技术问题						
市场问题	2			2		
管理问题						
政策因素	1			1		
未应用项目数	6			5		1
#资金问题	2			2		
技术问题	2			2		
市场问题	1			1		
管理问题	1					1
政策因素						
应用效果						
落后技术、工艺、装备的替代	44	8	12	22	1	1
进口替代	9		1	7		1
填补国内空白	39	4	13	17	3	2
降低成本	58	4	16	36	1	1
经济效益						
自我转化效益项目						
项目数/项	83	11	13	52	6	1
总收入/万元	4 923 092	1 268	454 837	4 461 479	8	5 500
净利润/万元	556 509	151	19 999	534 859		1 500
实交税金/万元	143 202		16 863	126 239		100
出口创汇/万元	23 383			23 383		
节约资金/万元	182 072		300	181 772		
合作转化收入/万元	186 336	134 059	14 245	38 032		
#技术入股股权折价	125		5	120		
技术转让与许可收入/万元	8		8			
#知识产权技术转让收入	8		8			

八 企业创新活动

8-1 规模(限额)以上企业创新活动总体情况

分布	企业数/个	#开展创新活动的企业数	#成功实现创新的企业数	#同时实现四种创新的企业数	年末从业人员数/人	营业收入/万元	利润总额/万元	资产总计/万元
总　计	11 899	4 909	4 484	641	1 709 147	238 974 401.3	23 880 316.6	436 374 795.9
按国民经济行业								
工业	5 103	2 760	2 406	464	808 393	103 817 339.1	12 302 656.3	176 191 169.5
采矿业	624	203	164	4	192 138	11 678 584.7	1 376 802.2	25 330 382.6
煤炭开采和洗选业	373	131	102		180 579	9 811 611.4	1 220 374.4	23 029 837.3
黑色金属矿采选业	25	6	6	1	1 746	250 037.4	24 917.2	266 291.7
有色金属矿采选业	31	13	10		1 851	336 813.1	32 367.3	447 598.9
非金属矿采选业	194	53	46	3	7 741	1 277 619.8	100 247.4	1 564 381.0
开采专业及辅助性活动	1				221	2 503.0	-1 104.1	22 273.7
制造业	4 072	2 401	2 119	450	535 021	75 291 553.4	10 709 976.6	101 133 430.7
农副食品加工业	392	225	202	50	22 637	3 263 154.6	124 877.9	2 449 722.2
食品制造业	127	90	77	23	14 329	1 421 707.8	147 917.5	1 434 160.2
酒、饮料和精制茶制造业	421	278	257	53	87 221	9 585 645.1	6 455 141.0	24 554 909.6
烟草制品业	3	3	3	1	7 814	4 671 976.5	360 884.9	4 057 076.6
纺织业	31	19	16	1	6 623	257 204.9	24 488.3	599 683.9
纺织服装、服饰业	56	22	22	2	8 028	250 086.0	24 101.6	202 327.3
皮革、毛皮、羽毛及其制品和制鞋业	49	19	18	4	8 089	334 713.8	16 312.5	305 052.3
木材加工和木、竹、藤、棕、草制品业	89	46	38	11	8 866	579 224.0	22 920.6	406 583.4
家具制造业	43	18	16	2	2 423	310 650.6	28 061.7	168 814.3
造纸和纸制品业	90	43	39	7	10 569	1 261 076.9	80 947.1	1 196 963.6
印刷和记录媒介复制业	61	29	26	5	8 955	560 920.1	44 781.9	627 179.6
文教、工美、体育和娱乐用品制造业	41	22	17	4	5 427	212 402.0	13 141.7	123 756.5
石油、煤炭及其他燃料加工业	17	9	7	3	3 659	2 199 062.2	123 231.8	1 690 710.6
化学原料和化学制品制造业	221	155	138	31	39 616	7 509 038.3	648 335.8	12 930 195.0
医药制造业	141	115	103	20	30 308	2 549 262.4	406 574.1	5 115 335.2
化学纤维制造业	2	2	2		98	10 012.0	72.8	4 912.5
橡胶和塑料制品业	179	113	97	23	18 085	2 246 549.1	146 123.4	2 223 795.2
非金属矿物制品业	1 018	481	402	56	70 296	9 268 052.9	490 244.7	11 900 538.7
黑色金属冶炼和压延加工业	93	39	34	1	21 720	6 565 501.2	203 803.5	4 942 898.4
有色金属冶炼和压延加工业	113	69	63	16	19 712	7 251 863.0	543 257.2	5 667 211.6
金属制品业	211	122	112	21	18 129	2 594 782.9	225 388.9	1 923 212.2

续 8－1

分　布	企业数/个	#开展创新活动的企业数	#成功实现创新的企业数	#同时实现四种创新的企业数	年末从业人员数/人	营业收入/万元	利润总额/万元	资产总计/万元
通用设备制造业	92	70	62	16	11 419	828 079.2	58 608.2	1 106 575.5
专用设备制造业	94	67	57	22	8 508	685 859.2	36 952.7	1 275 825.8
汽车制造业	53	40	38	9	10 030	1 319 029.7	21 114.4	2 100 017.8
铁路、船舶、航空航天和其他运输设备制造业	53	40	40	8	31 278	2 170 342.5	－61 173.5	5 559 073.7
电气机械和器材制造业	183	134	118	29	23 714	2 617 822.7	107 878.0	2 949 741.1
计算机、通信和其他电子设备制造业	132	82	72	21	26 245	3 676 011.8	294 075.2	3 727 290.8
仪器仪表制造业	19	14	14	3	3 681	432 589.9	74 710.8	985 249.7
其他制造业	19	17	15	5	5 185	419 705.1	13 049.2	549 370.3
废弃资源综合利用业	25	15	12	2	1 317	169 777.3	27 648.4	250 970.1
金属制品、机械和设备修理业	4	3	2	1	1 040	69 449.7	6 504.3	104 277.0
电力、热力、燃气及水生产和供应业	407	156	123	10	81 234	16 847 201.0	215 877.5	49 727 356.2
电力、热力生产和供应业	255	102	77	2	63 886	15 244 776.4	56 881.3	41 964 146.4
燃气生产和供应业	51	18	16	3	4 585	919 896.6	34 805.7	1 683 556.7
水的生产和供应业	101	36	30	5	12 763	682 528.0	124 190.5	6 079 653.1
建筑业	1 086	385	370	23	442 323	32 943 432.1	571 844.4	73 790 096.2
房屋建筑业	692	238	229	11	312 728	19 007 689.5	280 081.1	39 062 025.3
土木工程建筑业	205	83	82	8	79 464	11 423 814.6	246 408.3	30 011 779.4
建筑安装业	79	29	26	3	9 667	1 671 759.8	30 468.4	2 944 857.3
建筑装饰、装修和其他建筑业	110	35	33	1	40 464	840 168.2	14 886.6	1 771 434.2
服务业	5 710	1 764	1 708	154	458 431	102 213 630.1	11 005 815.9	186 393 530.2
批发和零售业	4 276	1 223	1 217	88	178 543	82 836 865.4	10 342 662.1	58 386 925.5
批发业	1 794	464	461	31	71 859	60 362 807.8	9 456 219.9	44 728 427.7
零售业	2 482	759	756	57	106 684	22 474 057.6	886 442.2	13 658 497.8
重点服务业	1 434	541	491	66	279 888	19 376 764.7	663 153.8	128 006 604.7
交通运输、仓储和邮政业	380	92	85	4	88 648	5 804 211.5	－218 266.6	79 487 862.9
铁路运输业	6				294	182 775.5	－138 737.2	6 726 854.4
道路运输业	281	63	57	2	48 770	3 510 867.6	－27 716.4	65 064 625.9
水上运输业	1				85	692.6	－36.7	1 826.0
航空运输业	14	5	5		11 498	1 015 007.3	－61 033.4	6 162 238.8
管道运输业	1				143	12 072.2	2 935.5	49 848.4

续 8 – 1

分 布	企业数/个	#开展创新活动的企业数	#成功实现创新的企业数	#同时实现四种创新的企业数	年末从业人员数/人	营业收入/万元	利润总额/万元	资产总计/万元
多式联运和运输代理业	8	3	3	1	288	50 812.5	531.4	13 320.4
装卸搬运和仓储业	44	10	9		5 343	295 120.8	8 517.9	1 089 584.6
邮政业	25	11	11	1	22 227	736 863.0	-2 727.7	379 564.4
信息传输、软件和信息技术服务业	209	145	132	37	44 734	7 922 096.6	600 098.1	15 061 959.2
电信、广播电视和卫星传输服务	51	25	25	5	23 246	3 875 481.1	558 990.1	7 621 864.3
互联网和相关服务	41	28	27	6	8 590	3 025 749.4	85.0	6 030 389.3
软件和信息技术服务业	117	92	80	26	12 898	1 020 866.1	41 023.0	1 409 705.6
租赁和商务服务业	518	131	122	6	80 780	2 600 772.9	48 019.3	16 395 733.3
租赁业	30	6	6	1	1 133	89 498.5	6 673.3	161 789.5
商务服务业	488	125	116	5	79 647	2 511 274.4	41 346.0	16 233 943.8
科学研究和技术服务业	225	124	106	15	31 448	2 485 627.0	170 718.6	4 313 670.6
研究和试验发展	6	6	5	2	1 439	63 114.7	6 280.4	86 650.0
专业技术服务业	216	116	99	12	29 821	2 413 831.8	163 156.4	4 188 528.3
科技推广和应用服务业	3	2	2	1	188	8 680.5	1 281.8	38 492.3
水利、环境和公共设施管理业	102	49	46	4	34 278	564 056.7	62 584.4	12 747 378.7
生态保护和环境治理业	7	2	1		452	43 697.2	7 246.9	101 631.5
公共设施管理业	91	45	43	4	33 476	500 183.2	54 228.3	7 066 264.6
土地管理业	4	2	2		350	20 176.3	1 109.2	5 579 482.6
按地区								
贵阳市	2 622	1 170	1 124	179	772 813	101 246 804.2	4 186 191.3	205 085 689.1
南明区	450	184	177	24	344 853	37 677 216.4	969 038.6	52 290 643.3
云岩区	466	147	144	20	149 751	20 376 372.9	1 473 420.1	27 287 730.7
花溪区	416	204	200	37	61 841	10 641 484.7	385 229.3	58 320 104.9
乌当区	156	80	77	19	27 709	3 084 319.8	285 013.3	5 072 064.0
白云区	263	151	144	29	50 106	7 547 946.4	262 148.7	16 657 912.5
观山湖区	376	206	194	29	77 572	13 262 359.7	239 061.5	30 344 242.9
开阳县	76	27	24	0	10 858	1 830 378.8	218 780.1	3 450 958.8
息烽县	79	23	22	2	8 082	982 516.6	-4 867.9	1 818 739.6
修文县	140	63	61	10	19 144	2 353 170.0	99 948.4	4 376 194.7
清镇市	200	85	81	9	22 897	3 491 038.9	258 419.2	5 467 097.7

续 8-1

分 布	企业数/个	#开展创新活动的企业数	#成功实现创新的企业数	#同时实现四种创新的企业数	年末从业人员数/人	营业收入/万元	利润总额/万元	资产总计/万元
六盘水市	911	329	313	37	159 917	18 701 997.4	1 320 075.3	37 383 329.1
钟山区	240	78	75	4	40 390	5 699 734.5	145 971.8	10 874 535.6
六枝特区	82	43	42	4	8 468	593 010.2	-4 533.8	2 014 460.2
水城区	240	98	91	15	30 711	4 167 258.3	299 400.0	6 820 171.3
盘州市	349	110	105	14	80 348	8 241 994.4	879 237.3	17 674 162.0
遵义市	1 840	797	741	109	239 787	42 474 113.0	14 395 717.7	69 533 476.1
红花岗区	364	125	115	25	45 822	5 905 039.8	7 587.6	12 450 564.1
汇川区	257	119	111	14	39 218	5 479 678.7	545 540.9	9 640 699.2
播州区	218	94	83	6	19 711	4 180 222.6	56 669.6	3 348 881.5
桐梓县	99	29	28	4	10 043	824 313.6	-51 692.5	1 982 388.4
绥阳县	60	30	27	8	4 968	591 733.8	10 976.3	1 256 554.5
正安县	67	40	38	13	3 916	215 022.5	10 237.4	353 082.0
道真仡佬族苗族自治县	44	28	24	2	3 566	280 873.7	17 921.1	585 608.4
务川仡佬族苗族自治县	38	17	13	1	2 021	266 631.9	-36 491.2	811 548.1
凤冈县	60	38	38	9	3 296	258 953.0	11 318.6	297 110.3
湄潭县	65	42	39	5	3 770	297 284.8	10 080.1	547 597.3
余庆县	54	30	28	2	2 639	104 107.8	-1 783.3	357 506.5
习水县	131	46	45	12	26 155	3 497 585.5	711 483.1	4 896 362.0
赤水市	130	45	42	3	10 829	921 212.5	41 446.0	1 631 479.7
仁怀市	253	114	110	5	63 833	19 651 452.8	13 062 424.0	31 374 094.1
安顺市	887	346	307	48	82 493	10 001 508.5	473 401.6	14 838 994.6
西秀区	455	146	125	19	47 182	6 622 055.5	370 741.1	7 532 975.7
平坝区	174	82	74	17	17 986	1 742 112.4	24 320.9	2 191 239.4
普定县	86	43	40	8	7 365	781 534.1	28 344.8	1 543 396.1
镇宁布依族苗族自治县	73	32	30		5 324	412 786.9	27 972.0	1 858 644.7
关岭布依族苗族自治县	55	26	22	3	2 590	267 666.2	17 766.6	1 238 908.7
紫云苗族布依族自治县	44	17	16	1	2 046	175 353.4	4 256.2	473 830.0
毕节市	1 116	359	325	31	120 778	13 989 208.3	793 617.1	28 663 807.5
七星关区	317	130	114	6	33 358	4 458 685.9	246 033.9	7 038 382.9
大方县	123	37	32	2	9 686	1 565 097.6	12 765.7	2 703 432.6
金沙县	139	45	44	7	24 859	2 646 450.9	412 000.2	6 149 063.8
织金县	106	25	22		15 107	1 490 642.0	-24 667.5	3 500 227.8

续8－1

分　布	企业数/个	#开展创新活动的企业数	#成功实现创新的企业数	#同时实现四种创新的企业数	年末从业人员数/人	营业收入/万元	利润总额/万元	资产总计/万元
纳雍县	97	38	37	2	8 536	703 147.4	－6 664.6	1 879 860.9
威宁彝族回族苗族自治县	118	39	36	8	8 359	1 222 346.0	96 456.1	3 058 354.1
赫章县	90	30	27	5	5 878	730 987.9	88 438.7	1 578 445.3
黔西市	126	15	13	1	14 995	1 171 850.6	－30 745.4	2 756 040.1
铜仁市	924	343	329	52	69 234	9 506 541.8	491 501.0	15 605 766.4
碧江区	207	81	80	8	19 188	2 871 069.0	185 094.8	7 419 829.7
万山区	89	48	46	4	7 104	1 429 807.7	－16 149.9	882 739.8
江口县	37	14	14		1 749	159 970.9	16 414.5	610 815.9
玉屏侗族自治县	96	37	37	4	15 634	1 967 040.4	117 756.9	3 026 853.9
石阡县	45	24	23	4	1 821	192 497.4	4 146.1	370 139.5
思南县	111	34	34	4	5 152	864 250.9	37 938.1	466 341.1
印江土家族苗族自治县	96	24	24	22	4 199	600 365.5	41 584.5	456 548.4
德江县	97	26	22	3	5 047	504 559.0	37 492.1	638 517.4
沿河土家族自治县	65	19	17	1	2 903	246 989.8	15 030.3	307 576.0
松桃苗族自治县	81	36	32	2	6 437	669 991.2	52 193.6	1 426 404.7
黔西南布依族苗族自治州	1 036	451	406	55	81 236	12 812 108.6	643 366.3	19 461 060.2
兴义市	480	182	168	18	35 907	7 289 204.9	332 023.9	10 376 266.5
兴仁市	132	59	49	5	10 069	2 082 650.3	12 625.1	2 494 931.4
普安县	88	36	31	5	5 617	581 770.5	70 229.0	1 592 162.6
晴隆县	43	21	17	2	2 924	316 059.9	40 696.1	924 274.5
贞丰县	71	36	35	13	7 863	922 426.7	93 563.1	1 900 535.1
望谟县	71	45	38	3	2 676	244 242.8	12 229.5	172 587.5
册亨县	52	35	32	6	1 352	237 388.3	11 734.6	457 263.0
安龙县	99	37	36	3	14 828	1 138 365.2	70 265.0	1 543 039.6
黔东南苗族侗族自治州	754	317	298	40	62 036	6 855 104.0	293 454.2	10 494 426.5
凯里市	273	82	81	9	25 404	3 754 455.1	137 037.2	4 075 589.2
黄平县	23	11	10	1	3 057	134 837.2	10 809.9	273 280.6
施秉县	18	8	8		651	39 596.2	2 058.8	80 087.4
三穗县	29	14	13	1	5 942	167 537.0	9 515.2	237 985.8
镇远县	41	22	22	2	3 025	440 023.2	－14 663.7	726 576.8
岑巩县	46	22	17	1	3 497	341 264.0	18 112.9	459 035.3
天柱县	41	18	18	4	1 460	165 199.2	20 651.5	170 527.0
锦屏县	30	12	9	1	2 718	350 426.4	51 927.2	1 085 065.8

续 8-1

分布	企业数/个	#开展创新活动的企业数	#成功实现创新的企业数	#同时实现四种创新的企业数	年末从业人员数/人	营业收入/万元	利润总额/万元	资产总计/万元
剑河县	22	13	12	1	986	76 286.1	-5 316.5	323 023.1
台江县	29	14	11	1	2 418	361 872.9	-3 803.0	456 457.5
黎平县	43	20	19	4	2 355	216 769.6	19 528.0	622 644.3
榕江县	49	27	26	7	4 006	162 708.5	9 725.3	150 020.7
从江县	45	22	20	5	2 262	230 065.8	18 123.3	698 153.1
雷山县	25	13	13	1	1 268	139 789.8	12 521.0	721 737.3
麻江县	19	7	7	1	1 169	186 197.7	5 182.4	249 308.7
丹寨县	21	12	12	1	1 818	88 075.3	2 044.7	164 933.9
黔南布依族苗族自治州	1 807	796	640	89	113 982	19 498 043.9	1 193 891.6	29 587 482.5
都匀市	212	88	71	5	17 676	2 484 888.7	127 806.7	3 186 858.0
福泉市	220	91	68	12	16 365	4 679 846.4	122 627.1	6 503 771.7
荔波县	52	19	16	1	3 184	174 185.2	11 481.4	393 364.5
贵定县	133	52	44	18	6 266	827 430.2	36 773.3	801 990.6
瓮安县	158	63	52	5	10 786	1 767 251.8	132 214.1	3 315 862.2
独山县	151	58	39	4	8 921	1 998 486.9	167 063.8	2 693 094.9
平塘县	112	40	27	2	4 938	578 142.3	41 028.6	1 807 577.4
罗甸县	106	63	57	8	3 276	391 015.7	150 660.1	1 705 057.8
长顺县	140	68	66	18	5 247	513 395.0	3 313.1	685 882.3
龙里县	255	131	104	9	22 385	3 443 704.2	310 675.9	5 992 046.3
惠水县	199	85	63	5	12 297	2 319 973.4	73 131.3	1 241 261.8
三都水族自治县	69	38	33	2	2 641	319 724.1	17 116.2	1 260 715.0
按登记注册类型								
内资企业	11 713	4 822	4 404	632	1 662 739	227 942 228.2	23 012 573.1	422 703 961.3
国有企业	201	99	85	10	116 583	20 634 337.9	1 710 316.1	24 673 758.5
集体企业	55	16	16		7 807	313 757.5	8 001.9	488 860.7
股份合作企业	12	4	2		1 000	43 328.3	-344.4	79 541.8
联营企业	2				27	3 299.0	326.5	4 895.2
国有与集体联营企业	1				27	1 156.8	259.5	819.3
其他联营企业	1					2 142.2	67.0	4 075.9
有限责任公司	2 974	1 385	1 280	177	812 320	122 790 796.2	11 196 550.8	288 069 746.0
国有独资公司	633	282	267	25	188 808	33 324 382.6	2 523 934.6	90 953 479.4
其他有限责任公司	2 341	1 103	1 013	152	623 512	89 466 413.6	8 672 616.2	197 116 266.6
股份有限公司	173	107	99	27	121 100	15 549 853.7	6 142 408.9	41 858 265.9

续 8-1

分 布	企业数/个	#开展创新活动的企业数	#成功实现创新的企业数	#同时实现四种创新的企业数	年末从业人员数/人	营业收入/万元	利润总额/万元	资产总计/万元
私营企业	8 296	3 211	2 922	418	603 902	68 606 855.6	3 955 313.3	67 528 893.2
私营独资企业	415	114	109	7	14 357	1 141 342.7	36 308.7	1 182 122.4
私营合伙企业	112	36	31		7 226	461 288.1	33 703.4	480 858.1
私营有限责任公司	7 663	2 997	2 722	395	545 257	64 261 614.2	3 606 026.0	61 001 149.7
私营股份有限公司	106	64	60	16	37 062	2 742 610.6	279 275.2	4 864 763.0
港、澳、台商投资企业	94	53	50	7	25 648	3 989 240.1	398 538.1	6 518 660.0
合资经营企业(港或澳、台资)	35	24	22	3	14 788	2 523 661.4	325 650.6	3 978 553.5
港、澳、台商独资经营企业	56	27	26	4	10 067	1 356 288.3	66 821.9	2 385 946.5
港、澳、台商投资股份有限公司	2	1	1		514	82 438.8	10 292.7	106 537.0
其他港澳台投资企业	1	1	1		279	26 851.6	-4 227.1	47 623.0
外商投资企业	92	34	30	2	20 760	7 042 933.0	469 205.4	7 152 174.6
中外合资经营企业	21	6	6		3 014	576 576.4	58 699.4	898 120.3
中外合作经营企业	3	1	1		1 101	133 073.3	47 790.1	187 560.2
外资企业	61	24	20	1	13 024	3 312 584.0	265 126.8	4 560 623.1
外商投资股份有限公司	6	2	2		3 029	2 833 843.2	47 546.3	1 286 137.3
其他外商投资企业	1	1	1	1	592	186 856.1	50 042.8	219 733.7
按企业规模								
大型	288	199	187	33	723 267	90 617 344.4	17 161 868.8	186 175 502.5
中型	1 823	874	826	97	455 842	67 284 050.0	3 761 604.0	115 069 854.3
小型	7 067	3 173	2 854	448	445 306	59 205 476.6	3 033 169.1	94 141 635.3
微型	2 721	663	617	63	84 732	21 867 530.3	-76 325.3	40 987 803.8
按控股情况								
国有控股	1 871	875	804	97	776 494	132 180 871.8	17 842 936.5	314 766 227.9
集体控股	140	54	52	4	75 474	3 829 979.2	96 141.4	6 597 934.8
私人控股	9 715	3 901	3 556	529	813 913	96 273 136.0	5 254 704.7	103 567 528.6
港澳台商控股	92	47	44	6	19 560	2 430 814.2	223 383.8	4 638 264.1
外商控股	78	30	26	3	23 303	4 235 373.2	456 092.8	6 755 852.3
其他	3	2	2	2	403	24 226.9	7 057.4	48 988.2
按隶属关系								
中央	366	213	193	33	219 225	47 997 141.6	1 417 041.0	77 533 176.8
地方	1 148	508	473	53	543 769	71 000 660.2	15 497 774.3	195 347 136.2
其他	10 385	4 188	3 818	555	946 153	119 976 599.5	6 965 501.3	163 494 482.9
按是否为高新技术企业								
#是高新技术企业	691	668	608	174	242 563	29 125 899.7	1 823 466.7	49 294 559.9

8-2 规模(限额)以上企业产品和工艺创新情况

分 布	开展产品或工艺创新活动的企业数/个	#仅有产品创新的企业数	#仅有工艺创新的企业数	#同时进行产品创新与工艺创新的企业数	#仅有正在进行或中止的创新活动的企业数	新产品销售收入/万元
总 计	3 204	338	992	1 122	752	28 949 815.7
按国民经济行业						
工业	2 310	235	637	859	579	10 207 676.2
采矿业	159	1	80	21	57	42 691.2
煤炭开采和洗选业	109		58	11	40	36 404.7
黑色金属矿采选业	4		2	2		1 484.8
有色金属矿采选业	9	1	1		7	568.0
非金属矿采选业	37		19	8	10	4 233.7
开采专业及辅助性活动						
制造业	2 038	232	502	821	483	10 146 002.9
农副食品加工业	173	29	41	66	37	111 999.1
食品制造业	78	12	15	28	23	22 102.1
酒、饮料和精制茶制造业	230	26	75	78	51	1 070 133.0
烟草制品业	3			2	1	187 221.3
纺织业	13	2	2	3	6	10 300.7
纺织服装、服饰业	18	1	10	6	1	3 657.0
皮革、毛皮、羽毛及其制品和制鞋业	15	2	3	7	3	21 074.0
木材加工和木、竹、藤、棕、草制品业	35	2	6	16	11	12 527.7
家具制造业	16	2	4	5	5	41 228.7
造纸和纸制品业	34	5	10	11	8	96 211.3
印刷和记录媒介复制业	20	1	7	9	3	80 242.5
文教、工美、体育和娱乐用品制造业	21	2	4	10	5	19 551.2
石油、煤炭及其他燃料加工业	8		2	4	2	2 774.5
化学原料和化学制品制造业	146	19	37	61	29	1 669 504.3
医药制造业	107	12	34	31	30	762 093.5
化学纤维制造业	2	2				9 629.6
橡胶和塑料制品业	104	11	27	44	22	418 699.2
非金属矿物制品业	385	41	102	119	123	187 784.1
黑色金属冶炼和压延加工业	31	1	8	11	11	136 889.0
有色金属冶炼和压延加工业	59	3	19	24	13	1 341 383.5
金属制品业	94	11	20	45	18	254 344.7
通用设备制造业	66	7	14	30	15	257 022.1
专用设备制造业	63	5	4	39	15	185 644.2
汽车制造业	37	5	7	19	6	708 267.1
铁路、船舶、航空航天和其他运输设备制造业	40	5	2	33		913 818.6

续 8-2

分 布	开展产品或工艺创新活动的企业数/个	#仅有产品创新的企业数	#仅有工艺创新的企业数	#同时进行产品创新与工艺创新的企业数	#仅有正在进行或中止的创新活动的企业数	新产品销售收入/万元
电气机械和器材制造业	120	15	25	56	24	609 496.3
计算机、通信和其他电子设备制造业	75	9	12	41	13	783 803.5
仪器仪表制造业	14		3	10	1	145 979.5
其他制造业	14		3	8	3	69 739.8
废弃资源综合利用业	14	2	5	4	3	6 143.9
金属制品、机械和设备修理业	3		1	1	1	6 736.9
电力、热力、燃气及水生产和供应业	113	2	55	17	39	18 982.1
电力、热力生产和供应业	78	2	41	5	30	4 871.7
燃气生产和供应业	10		2	6	2	19.7
水的生产和供应业	25		12	6	7	14 090.7
建筑业	181	8	92	42	39	11 121 227.7
房屋建筑业	100	4	54	22	20	3 307 044.1
土木工程建筑业	47	2	20	15	10	7 693 281.0
建筑安装业	16	2	7	4	3	108 648.2
建筑装饰、装修和其他建筑业	18		11	1	6	12 254.4
服务业	713	95	263	221	134	7 620 911.8
批发和零售业	381	48	184	109	40	4 431 539.7
批发业	144	19	72	36	17	3 692 470.8
零售业	237	29	112	73	23	739 068.9
重点服务业	332	47	79	112	94	3 189 372.1
交通运输、仓储和邮政业	38	2	16	8	12	49 851.8
铁路运输业						
道路运输业	25	2	8	6	9	13 652.6
水上运输业						
航空运输业	5			5		
管道运输业						
多式联运和运输代理业	2		1	1		
装卸搬运和仓储业	4		2		2	
邮政业	2			1	1	36 199.2
信息传输、软件和信息技术服务业	127	30	17	53	27	2 638 239.2
电信、广播电视和卫星传输服务	14	2	3	7	2	292 278.9
互联网和相关服务	23	9	2	7	5	1 805 207.9
软件和信息技术服务业	90	19	12	39	20	540 752.4
租赁和商务服务业	45	6	15	9	15	157 489.8
租赁业	2			2		1 276.9
商务服务业	43	6	15	7	15	156 212.9

续 8-2

分 布	开展产品或工艺创新活动的企业数/个	#仅有产品创新的企业数	#仅有工艺创新的企业数	#同时进行产品创新与工艺创新的企业数	#仅有正在进行或中止的创新活动的企业数	新产品销售收入/万元
科学研究和技术服务业	99	9	24	35	31	308 479.3
研究和试验发展	6	1	2	3		37 618.9
专业技术服务业	91	9	23	31	28	269 121.1
科技推广和应用服务业	2			2		1 739.3
水利、环境和公共设施管理业	23		7	7	9	35 312.0
生态保护和环境治理业	2				2	
公共设施管理业	21		7	7	7	35 312.0
土地管理业						
按地区						
贵阳市	748	93	226	320	109	15 064 209.3
南明区	117	14	44	45	14	4 809 735.1
云岩区	72	12	20	30	10	2 708 349.7
花溪区	137	20	39	67	11	2 860 947.2
乌当区	55	6	15	29	5	643 368.1
白云区	117	11	30	59	17	1 494 065.4
观山湖区	130	16	33	50	31	1 954 393.3
开阳县	14	2	8	1	3	67 950.6
息烽县	17	2	7	5	3	101 044.7
修文县	40	7	11	16	6	285 736.4
清镇市	49	3	19	18	9	138 618.8
六盘水市	187	16	77	62	32	1 395 398.7
钟山区	34	6	16	7	5	47 750.8
六枝特区	26	1	17	6	2	11 464.0
水城区	62	4	12	31	15	209 874.5
盘州市	65	5	32	18	10	1 126 309.4
遵义市	501	51	154	189	107	4 557 086.2
红花岗区	79	7	17	36	19	306 158.2
汇川区	66	10	13	32	11	568 473.0
播州区	62	8	23	12	19	909 628.4
桐梓县	13	1	3	7	2	32 080.9
绥阳县	23	1	6	10	6	11 551.0
正安县	36	4	7	21	4	8 374.2
道真仡佬族苗族自治县	20		8	4	8	76 270.8
务川仡佬族苗族自治县	14		9	1	4	
凤冈县	30	2	14	12	2	17 508.7
湄潭县	35	4	11	13	7	10 956.2

续 8-2

分 布	开展产品或工艺创新活动的企业数/个	#仅有产品创新的企业数	#仅有工艺创新的企业数	#同时进行产品创新与工艺创新的企业数	#仅有正在进行或中止的创新活动的企业数	新产品销售收入/万元
余庆县	20		10	5	5	1 981.0
习水县	26	2	5	17	2	1 744 995.3
赤水市	18	1	3	9	5	51 944.8
仁怀市	59	11	25	10	13	817 163.7
安顺市	249	24	70	92	63	737 457.0
西秀区	105	13	19	43	30	553 424.3
平坝区	65	6	19	30	10	160 222.7
普定县	30	1	10	13	6	18 852.7
镇宁布依族苗族自治县	23	4	10	1	8	2 828.6
关岭布依族苗族自治县	19		10	3	6	448.7
紫云苗族布依族自治县	7		2	2	3	1 680.0
毕节市	230	22	91	62	55	125 505.2
七星关区	82	10	26	17	29	64 746.2
大方县	20	2	9	3	6	1 244.1
金沙县	26	3	11	11	1	29 399.8
织金县	13		8		5	
纳雍县	24	3	16	3	2	9 846.2
威宁彝族回族苗族自治县	29	1	12	11	5	7 092.8
赫章县	22	1	3	14	4	4 432.2
黔西市	14	2	6	3	3	8 743.9
铜仁市	208	35	70	71	32	859 071.1
碧江区	44	6	16	14	8	172 205.8
万山区	30	4	15	6	5	32 473.2
江口县	7		6		1	
玉屏侗族自治县	17	4	6	6	1	604 615.8
石阡县	13	1	4	6	2	1 836.4
思南县	29	17	1	10	1	24 824.7
印江土家族苗族自治县	22			22		15 257.4
德江县	16		9	3	4	200.0
沿河土家族自治县	8	1	2	1	4	269.0
松桃苗族自治县	22	2	11	3	6	7 388.8
黔西南布依族苗族自治州	286	27	79	105	75	873 842.2
兴义市	91	9	33	24	25	589 571.8
兴仁市	39	4	11	10	14	6 073.0
普安县	33	3	6	15	9	23 726.5
晴隆县	13	2	3	2	6	1 672.5
贞丰县	26	2	2	18	4	136 316.5
望谟县	34		7	18	9	23 228.2

续 8-2

分 布	开展产品或工艺创新活动的企业数/个	#仅有产品创新的企业数	#仅有工艺创新的企业数	#同时进行产品创新与工艺创新的企业数	#仅有正在进行或中止的创新活动的企业数	新产品销售收入/万元
册亨县	22		11	6	5	5 353.8
安龙县	28	7	6	12	3	87 899.9
黔东南苗族侗族自治州	207	27	60	80	40	269 638.4
凯里市	49	10	16	18	5	68 983.5
黄平县	5		2	1	2	3 326.5
施秉县	7	1	1	2	3	3 480.5
三穗县	11	1	5	3	2	11 542.4
镇远县	15	1	4	10		13 605.1
岑巩县	18	2	5	4	7	9 964.0
天柱县	8	1		5	2	4 854.7
锦屏县	7		3	1	3	42 628.1
剑河县	8		2	4	2	202.7
台江县	12	1	6	2	3	60 059.9
黎平县	13	2	3	4	4	4 163.9
榕江县	18	3	3	11	1	4 975.9
从江县	16	2	2	8	4	8 463.7
雷山县	7	1	2	2	2	12 891.2
麻江县	2		1	1		382.5
丹寨县	11	2	5	4		20 113.8
黔南布依族苗族自治州	587	43	165	140	239	1 380 436.9
都匀市	49	3	11	11	24	228 761.7
福泉市	68	1	17	20	30	670 238.0
荔波县	11		5	1	5	10.0
贵定县	46	4	10	21	11	22 084.4
瓮安县	50	1	15	8	26	48 266.5
独山县	45	1	11	6	27	8 858.5
平塘县	28		9	3	16	9 178.1
罗甸县	46	2	21	10	13	1 008.1
长顺县	53	10	14	26	3	45 235.4
龙里县	97	18	18	20	41	184 339.6
惠水县	67	2	21	11	33	161 365.6
三都水族自治县	27	1	13	3	10	1 091.0
按登记注册类型						
内资企业	3 143	329	969	1 104	741	28 136 441.2
国有企业	70	7	20	24	19	939 617.2
集体企业	6	1	4	1		1 025.4
股份合作企业	4		1		3	
联营企业						
国有与集体联营企业						

续 8-2

分 布	开展产品或工艺创新活动的企业数/个	#仅有产品创新的企业数	#仅有工艺创新的企业数	#同时进行产品创新与工艺创新的企业数	#仅有正在进行或中止的创新活动的企业数	新产品销售收入/万元
其他联营企业						
有限责任公司	919	86	307	321	205	19 890 165.2
国有独资公司	158	16	52	56	34	5 186 516.3
其他有限责任公司	761	70	255	265	171	14 703 648.9
股份有限公司	89	10	19	46	14	3 330 073.5
私营企业	2 055	225	618	712	500	3 975 559.9
私营独资企业	59	7	20	17	15	8 993.9
私营合伙企业	20	1	6	4	9	13 812.8
私营有限责任公司	1 921	205	584	666	466	3 429 204.8
私营股份有限公司	55	12	8	25	10	523 548.4
港、澳、台商投资企业	39	7	13	12	7	176 908.4
合资经营企业（港或澳、台资）	18		8	7	3	114 957.3
港、澳、台商独资经营企业	20	7	5	5	3	61 951.1
港、澳、台商投资股份有限公司						
其他港澳台投资企业	1				1	
外商投资企业	22	2	10	6	4	636 466.1
中外合资经营企业	5		4	1		417.4
中外合作经营企业	1		1			
外资企业	13	2	5	2	4	47 227.7
外商投资股份有限公司	2		2			420 650.5
其他外商投资企业	1		1			168 170.5
按企业规模						
大型	162	7	57	79	19	18 301 864.1
中型	517	55	192	179	91	7 383 213.9
小型	2 187	245	626	764	552	2 900 025.4
微型	338	31	117	100	90	364 712.3
按控股情况						
国有控股	592	54	203	207	128	19 808 332.1
集体控股	32	2	14	10	6	1 061 092.5
私人控股	2 526	273	756	890	607	7 778 813.7
港澳台商控股	33	7	11	8	7	84 927.0
外商控股	19	2	8	5	4	216 650.4
其他	2			2		
按隶属关系						
中央	171	12	46	83	30	9 847 899.8
地方	338	34	123	109	72	8 037 766.0
其他	2 695	292	823	930	650	11 064 149.9
按是否为高新技术企业						
#是高新技术企业	664	86	124	351	103	11 391 126.0

8-3 规模(限额)以上企业创新活动类型

单位:个

分　布	有内部R&D的企业数	有外部R&D的企业数	有获得机器设备和软件的企业数	有从外部获取相关技术的企业数	有相关培训的企业数	有相关设计的企业数	有市场推介的企业数	有其他创新活动的企业数
总　计	1 886	276	1 127	111	1 113	542	570	728
按国民经济行业								
工业	1 591	178	894	28	736	435	350	500
采矿业	96	12	43	2	33	2	5	30
煤炭开采和洗选业	64	11	35	2	22		2	21
黑色金属矿采选业	2		1		2			2
有色金属矿采选业	8				3			
非金属矿采选业	22	1	7		6	2	3	7
开采专业及辅助性活动								
制造业	1 430	157	804	26	678	431	337	444
农副食品加工业	112	13	50	2	57	59	44	27
食品制造业	51	10	23	1	26	34	27	17
酒、饮料和精制茶制造业	143	22	76	2	61	76	46	27
烟草制品业	3	2	2	1	3	1	1	1
纺织业	8		4		2			
纺织服装、服饰业	9		5		5	3	1	2
皮革、毛皮、羽毛及其制品和制鞋业	13		3		5	4	2	3
木材加工和木、竹、藤、棕、草制品业	32	1	3		6	5	5	5
家具制造业	7	1	8		2	3	1	3
造纸和纸制品业	21	1	14		10	8	2	6
印刷和记录媒介复制业	11	1	8		4	6		3
文教、工美、体育和娱乐用品制造业	12		8		6	3	1	2
石油、煤炭及其他燃料加工业	5		4		2	1	1	1
化学原料和化学制品制造业	118	10	64	4	54	23	28	33
医药制造业	88	26	53	2	56	31	19	33
化学纤维制造业	2		1					
橡胶和塑料制品业	66	2	37		28	16	14	24
非金属矿物制品业	271	11	131	3	93	37	37	59
黑色金属冶炼和压延加工业	22	4	14		10	3	5	9
有色金属冶炼和压延加工业	43	6	37	1	25	6	6	16
金属制品业	66	2	41		30	15	13	19
通用设备制造业	46	4	27	2	29	10	10	20
专用设备制造业	51	5	28	2	25	15	16	19
汽车制造业	22	3	20		17	11	7	16
铁路、船舶、航空航天和其他运输设备制造业	39	10	28	2	26	6	4	23

续 8-3

分 布	有内部R&D的企业数	有外部R&D的企业数	有获得机器设备和软件的企业数	有从外部获取相关技术的企业数	有相关培训的企业数	有相关设计的企业数	有市场推介的企业数	有其他创新活动的企业数
电气机械和器材制造业	83	9	53	3	44	30	24	38
计算机、通信和其他电子设备制造业	51	5	41		33	14	14	22
仪器仪表制造业	11	4	12	1	8	5	5	6
其他制造业	13	3	4		6	5	4	8
废弃资源综合利用业	9	2	4		5	1		2
金属制品、机械和设备修理业	2		1					
电力、热力、燃气及水生产和供应业	65	9	47		25	2	8	26
电力、热力生产和供应业	46	8	36		17		2	18
燃气生产和供应业	3		3		2		1	2
水的生产和供应业	16	1	8		6	2	5	6
建筑业	70	21	57	21	82	7	44	56
房屋建筑业	40	9	30	7	44	5	22	33
土木工程建筑业	19	9	18	10	22	1	10	15
建筑安装业	5		4	3	4	1	4	3
建筑装饰、装修和其他建筑业	6	3	5	1	12		8	5
服务业	225	77	176	62	295	100	176	172
批发和零售业	109	47	86	22	169	72	114	89
批发业	43	23	29	11	65	30	37	33
零售业	66	24	57	11	104	42	77	56
重点服务业	116	30	90	40	126	28	62	83
交通运输、仓储和邮政业	8	1	8	2	11	1	9	8
铁路运输业								
道路运输业	6		3	1	7		5	5
水上运输业								
航空运输业	2	1	2		2		2	1
管道运输业								
多式联运和运输代理业			1	1			1	
装卸搬运和仓储业					1			2
邮政业			2		1	1	1	
信息传输、软件和信息技术服务业	40	15	31	19	53	14	29	34
电信、广播电视和卫星传输服务	3	2	2	2	4	2	4	3
互联网和相关服务	8	4	7	2	10	3	6	7
软件和信息技术服务业	29	9	22	15	39	9	19	24
租赁和商务服务业	11	4	10	2	12	7	7	9
租赁业	1	1			2	1		1
商务服务业	10	3	10	2	10	6	7	8
科学研究和技术服务业	51	9	34	15	43	5	11	26
研究和试验发展	5	1	3	2	3		1	2

续 8－3

分 布	有内部R&D的企业数	有外部R&D的企业数	有获得机器设备和软件的企业数	有从外部获取相关技术的企业数	有相关培训的企业数	有相关设计的企业数	有市场推介的企业数	有其他创新活动的企业数
专业技术服务业	44	8	30	12	39	5	10	24
科技推广和应用服务业	2		1	1	1			
水利、环境和公共设施管理业	6	1	7	2	7	1	6	6
生态保护和环境治理业	1	1	2					
公共设施管理业	5		5	2	7	1	6	6
土地管理业								
按地区								
贵阳市	371	98	313	50	358	143	167	246
南明区	61	15	39	12	53	10	21	39
云岩区	31	14	24	8	33	14	15	13
花溪区	65	18	66	9	67	33	34	51
乌当区	28	10	30	2	39	27	24	30
白云区	64	16	62	6	49	20	22	41
观山湖区	47	17	49	11	64	14	23	38
开阳县	10	1	3		4	2	1	4
息烽县	7		8		9	6	7	4
修文县	27	5	20		18	8	9	15
清镇市	31	2	12	2	22	9	11	11
六盘水市	110	16	83	6	68	20	33	36
钟山区	17	3	16	2	18	4	11	6
六枝特区	16	2	10	1	7	3	4	6
水城区	42	7	37	3	17	5	9	9
盘州市	35	4	20		26	8	9	15
遵义市	305	50	155	14	202	114	98	118
红花岗区	48	6	31	3	42	17	19	25
汇川区	45	9	19	5	33	11	16	22
播州区	37	6	12	1	29	10	12	14
桐梓县	7	1	7	2	7	6	2	3
绥阳县	15	2	6		8	4	5	7
正安县	23	1	4		9	5	3	4
道真仡佬族苗族自治县	15	1	7		7	3	2	5
务川仡佬族苗族自治县	7	2	5		2			5
凤冈县	21	1	8	1	8	4	5	4
湄潭县	24	6	14		11	14	8	7
余庆县	17	3	4		9	6	6	1
习水县	16	3	5		11	8	4	5
赤水市	10	4	10	1	6	6	6	6
仁怀市	20	5	23	1	20	20	10	10

续 8-3

分 布	有内部 R&D 的企业数	有外部 R&D 的企业数	有获得机器设备和软件的企业数	有从外部获取相关技术的企业数	有相关培训的企业数	有相关设计的企业数	有市场推介的企业数	有其他创新活动的企业数
安顺市	179	30	84	12	79	44	44	54
西秀区	72	16	39	6	28	16	13	18
平坝区	40	6	24	4	29	16	20	20
普定县	29	3	9	1	10	7	6	11
镇宁布依族苗族自治县	17	2	6		6	4	3	4
关岭布依族苗族自治县	16	3	5	1	4	1	2	
紫云苗族布依族自治县	5		1		2			1
毕节市	102	9	89	5	80	33	37	42
七星关区	38		26	1	24	10	18	11
大方县	3		13	1	7	3	2	2
金沙县	7	2	10	2	12	8	6	11
织金县	3		5		6	1	1	3
纳雍县	5	1	17		8	2	2	1
威宁彝族回族苗族自治县	19	2	6		8	4	4	5
赫章县	14		4	1	5	2	2	4
黔西市	13	4	8		10	3	2	5
铜仁市	85	14	99	8	49	28	31	31
碧江区	14	7	22	3	21	10	12	10
万山区	10	1	9	1	5	4	1	5
江口县	2	1	2	1	1	2	1	2
玉屏侗族自治县	9	3	11		7	2	2	6
石阡县	6		6		6	3	4	3
思南县	24		4	1	1		1	
印江土家族苗族自治县			22			4		
德江县	13		7		1	2	1	
沿河土家族自治县	2		6			1		
松桃苗族自治县	5	2	10	2	7	4	5	5
黔西南布依族苗族自治州	189	13	108	6	77	43	35	42
兴义市	35	9	38	4	27	18	15	18
兴仁市	24	3	19	2	5	1	2	2
普安县	27		9		7	5	5	6
晴隆县	9		4		5	2	1	1
贞丰县	22	1	16		12	5	3	5
望谟县	28		7		9	5	2	3
册亨县	18		3		3	2	3	4
安龙县	26		12		9	5	4	3
黔东南苗族侗族自治州	146	12	32	2	76	42	36	62
凯里市	29	5	13	1	22	11	9	18

续 8-3

分 布	有内部 R&D 的企业数	有外部 R&D 的企业数	有获得机器设备和软件的企业数	有从外部获取相关技术的企业数	有相关培训的企业数	有相关设计的企业数	有市场推介的企业数	有其他创新活动的企业数
黄平县	3				1	1	1	1
施秉县	5		2		3	2	1	
三穗县	6		1		3	2	2	4
镇远县	10	2			3		2	4
岑巩县	17		1		7	4	3	7
天柱县	6		1	1	4	2	1	4
锦屏县	4	1	1		4	3	2	1
剑河县	7				5	2	2	3
台江县	11		1		4	2	2	6
黎平县	6		4		7	6	5	2
榕江县	16				4	2		4
从江县	14	2	2		3	2	2	3
雷山县	4		1		2	1	1	1
麻江县	1	1	2		1	1	1	1
丹寨县	7	1	3		3	1	2	3
黔南布依族苗族自治州	398	34	163	8	123	75	89	96
都匀市	30	5	17	1	9	4	6	9
福泉市	46	5	18	1	19	6	10	9
荔波县	8		1		5		1	2
贵定县	33	1	8	1	8	6	5	8
瓮安县	33	1	12	2	12	8	9	6
独山县	30	1	18		7	3	6	7
平塘县	21		7		3		2	3
罗甸县	27	1	4	1	8	8	15	16
长顺县	31	2	22		14	9	10	13
龙里县	78	16	29	1	20	13	11	5
惠水县	41	2	20	1	13	14	11	9
三都水族自治县	20		7		5	4	3	9
按登记注册类型								
内资企业	1 850	268	1 103	109	1 090	536	560	711
国有企业	34	9	31	8	32	10	18	23
集体企业	1		1		2		2	2
股份合作企业	2		1					
联营企业								
国有与集体联营企业								
其他联营企业								
有限责任公司	546	122	362	47	357	153	181	256
国有独资公司	82	30	67	8	66	25	32	40

续 8-3

分 布	有内部R&D的企业数	有外部R&D的企业数	有获得机器设备和软件的企业数	有从外部获取相关技术的企业数	有相关培训的企业数	有相关设计的企业数	有市场推介的企业数	有其他创新活动的企业数
其他有限责任公司	464	92	295	39	291	128	149	216
股份有限公司	65	22	47	8	50	18	23	30
私营企业	1 202	115	661	46	649	355	336	400
私营独资企业	29	2	11	2	18	10	9	12
私营合伙企业	10	1	11	1	4		1	2
私营有限责任公司	1 125	100	620	39	603	337	314	370
私营股份有限公司	38	12	19	4	24	8	12	16
港、澳、台商投资企业	22	5	13	1	13	6	7	12
合资经营企业（港或澳、台资）	12	3	12		7	3	4	4
港、澳、台商独资经营企业	10	2	1	1	6	3	3	8
港、澳、台商投资股份有限公司								
其他港澳台投资企业								
外商投资企业	14	3	11	1	10		3	5
中外合资经营企业	4		2		2			1
中外合作经营企业	1	1	1		1			1
外资企业	7	1	6	1	7		3	2
外商投资股份有限公司	2	1	1					1
其他外商投资企业			1					
按企业规模								
大型	120	44	72	12	88	20	30	64
中型	273	77	223	37	235	80	116	143
小型	1 323	140	738	52	690	396	368	445
微型	170	15	94	10	100	46	56	76
按控股情况								
国有控股	333	99	262	39	253	86	122	177
集体控股	18	1	11	4	9	2	6	13
私人控股	1 505	168	833	66	830	449	434	524
港澳台商控股	16	5	9	1	9	3	3	8
外商控股	12	1	10	1	11	1	4	5
其他	2	2	2		1	1	1	1
按隶属关系								
中央	124	43	99	11	95	29	37	83
地方	172	46	119	28	125	46	70	91
其他	1 590	187	909	72	893	467	463	554
按是否为高新技术企业								
#是高新技术企业	509	104	345	30	315	112	152	217

8-4 规模(限额)以上企业创新费用支出情况

单位:万元

分布	创新费用合计	内部R&D活动经费支出	外部R&D活动经费支出	获得机器设备和软件经费支出	从外部获取相关技术经费支出
总　计	2 806 242.2	1 414 199.4	110 087.9	1 261 775.2	20 179.7
按国民经济行业					
工业	2 427 882.2	1 210 566.9	89 802.6	1 111 947.0	15 565.7
采矿业	152 046.5	111 642.9	984.7	39 334.6	84.3
煤炭开采和洗选业	142 830.4	103 150.1	954.7	38 641.3	84.3
黑色金属矿采选业	378.0	121.8		256.2	
有色金属矿采选业	2 337.4	2 337.4			
非金属矿采选业	6 500.7	6 033.6	30.0	437.1	
开采专业及辅助性活动					
制造业	2 129 929.7	1 043 191.8	65 612.7	1 005 643.8	15 481.4
农副食品加工业	37 129.4	31 640.1	681.5	4 627.8	180.0
食品制造业	20 357.6	15 493.5	212.7	3 888.0	763.4
酒、饮料和精制茶制造业	525 370.1	35 722.5	2 217.0	487 271.0	159.6
烟草制品业	37 361.8	5 595.7	231.9	27 796.2	3 738.0
纺织业	2 533.0	2 012.7		520.3	
纺织服装、服饰业	2 915.4	2 735.1		180.3	
皮革、毛皮、羽毛及其制品和制鞋业	6 287.6	3 901.9		2 385.7	
木材加工和木、竹、藤、棕、草制品业	5 659.1	5 534.4	20.0	104.7	
家具制造业	4 096.5	3 121.2	48.5	926.8	
造纸和纸制品业	39 180.7	16 100.9	20.0	23 059.8	
印刷和记录媒介复制业	9 177.3	7 083.8	25.3	2 068.2	
文教、工美、体育和娱乐用品制造业	5 377.9	4 530.8		847.1	
石油、煤炭及其他燃料加工业	11 611.1	6 777.5		4 833.6	
化学原料和化学制品制造业	219 961.0	130 235.8	1 057.2	87 737.3	930.7
医药制造业	82 160.7	61 420.9	6 080.1	14 618.7	41.0
化学纤维制造业	838.7	832.7		6.0	
橡胶和塑料制品业	81 011.2	32 800.3	47.0	48 163.9	
非金属矿物制品业	94 071.4	70 529.6	345.5	23 126.4	69.9
黑色金属冶炼和压延加工业	92 967.1	40 637.8	533.1	51 796.2	
有色金属冶炼和压延加工业	112 379.7	74 728.5	1 864.6	35 751.6	35.0
金属制品业	39 121.9	29 126.6	15.7	9 979.6	
通用设备制造业	49 731.2	29 437.4	301.3	13 169.5	6 823.0
专用设备制造业	23 104.7	19 878.1	16.4	3 108.0	102.2
汽车制造业	58 612.2	18 123.0	26 688.5	13 800.7	
铁路、船舶、航空航天和其他运输设备制造业	324 494.5	231 783.8	4 045.5	88 348.3	316.9
电气机械和器材制造业	74 303.2	57 796.3	639.7	14 269.7	1 597.5

续 8-4

分 布	创新费用合计	内部 R&D 活动经费支出	外部 R&D 活动经费支出	获得机器设备和软件经费支出	从外部获取相关技术经费支出
计算机、通信和其他电子设备制造业	75 576.0	54 038.6	2 542.4	18 995.0	
仪器仪表制造业	55 341.4	24 952.1	15 563.9	14 101.2	724.2
其他制造业	33 275.6	21 973.9	1 497.9	9 803.8	
废弃资源综合利用业	3 936.1	2 853.2	917.0	165.9	
金属制品、机械和设备修理业	1 986.5	1 793.1	0.0	193.4	
电力、热力、燃气及水生产和供应业	145 906.0	55 732.2	23 205.2	66 968.6	
电力、热力生产和供应业	138 573.8	50 105.8	23 197.6	65 270.4	
燃气生产和供应业	890.4	727.5		162.9	
水的生产和供应业	6 441.8	4 898.9	7.6	1 535.3	
建筑业	240 280.6	148 866.6	2 660.3	88 753.7	
房屋建筑业	167 607.7	117 621.0	86.2	49 900.5	
土木工程建筑业	57 684.8	24 073.9	2 499.6	31 111.3	
建筑安装业	7 349.9	643.9		6 706.0	
建筑装饰、装修和其他建筑业	7 638.3	6 527.8	74.5	1 036.0	
服务业	138 079.4	54 765.9	17 625.0	61 074.5	4 614.0
批发和零售业	553.3	61.7		491.6	
批发业	553.3	61.7		491.6	
零售业					
重点服务业	137 526.1	54 704.2	17 625.0	60 582.9	4 614.0
交通运输、仓储和邮政业	3 247.7	1 703.9	74.5	1 469.3	
铁路运输业					
道路运输业	2 429.8	1 515.1		914.7	
水上运输业					
航空运输业	800.1	188.8	74.5	536.8	
管道运输业					
多式联运和运输代理业					
装卸搬运和仓储业	17.8			17.8	
邮政业					
信息传输、软件和信息技术服务业	68 320.4	10 752.5	12 140.4	42 512.9	2 914.6
电信、广播电视和卫星传输服务	1 670.3	253.6	59.3	1 357.4	
互联网和相关服务	28 819.6	1 909.4	1 845.2	22 416.9	2 648.1
软件和信息技术服务业	37 830.6	8 589.5	10 235.9	18 738.7	266.5
租赁和商务服务业	5 109.0	3 405.3	759.1	944.6	
租赁业	192.4	61.1	21.4	109.9	
商务服务业	4 916.6	3 344.2	737.7	834.7	
科学研究和技术服务业	58 760.7	37 260.8	4 647.7	15 152.8	1 699.4
研究和试验发展	2 922.1	2 008.4	5.0	908.7	

续 8-4

分 布	创新费用合计	内部 R&D 活动经费支出	外部 R&D 活动经费支出	获得机器设备和软件经费支出	从外部获取相关技术经费支出
专业技术服务业	55 346.2	34 843.2	4 642.7	14 160.9	1 699.4
科技推广和应用服务业	492.4	409.2		83.2	
水利、环境和公共设施管理业	2 088.5	1 581.7	3.3	503.5	
生态保护和环境治理业	113.2	40.0	3.3	69.9	
公共设施管理业	1 975.3	1 541.7		433.6	
土地管理业					
按地区					
贵阳市	1 130 164.2	652 103.1	91 076.1	369 948.9	17 036.1
南明区	246 988.7	145 022.5	23 851.3	78 114.9	
云岩区	72 296.9	24 087.2	806.0	43 665.7	3 738.0
花溪区	206 641.1	109 810.2	26 425.8	69 243.9	1 161.2
乌当区	87 338.0	46 379.9	3 757.3	36 934.3	266.5
白云区	246 195.6	175 098.5	3 591.7	59 213.0	8 292.4
观山湖区	143 267.3	82 931.5	32 508.7	24 249.1	3 578.0
开阳县	14 371.4	12 444.5	14.8	1 912.1	
息烽县	9 238.2	6 108.8		3 129.4	
修文县	82 553.4	31 321.4	77.0	51 155.0	
清镇市	21 273.7	18 898.6	43.5	2 331.6	
六盘水市	203 557.5	121 756.4	835.6	80 865.7	99.8
钟山区	69 577.8	26 953.8	147.1	42 448.6	28.3
六枝特区	15 614.6	13 697.9	93.7	1 767.0	56.0
水城区	47 665.1	26 264.8	230.5	21 154.3	15.5
盘州市	70 700.0	54 839.9	364.3	15 495.8	
遵义市	756 476.7	186 925.4	4 809.0	562 896.4	1 845.9
红花岗区	63 997.6	39 214.6	543.6	22 808.8	1 430.6
汇川区	66 276.1	45 963.6	997.6	19 126.0	188.9
播州区	49 935.6	38 267.8	987.7	10 680.1	
桐梓县	13 911.2	11 379.5	35.0	2 414.4	82.3
绥阳县	5 060.6	3 292.9	13.3	1 754.4	
正安县	3 364.7	3 247.1		117.6	
道真仡佬族苗族自治县	5 051.9	4 502.0		549.9	
务川仡佬族苗族自治县	5 844.6	5 267.3	307.7	269.6	
凤冈县	2 969.7	2 374.3	1.0	594.4	
湄潭县	5 400.8	4 169.3	114.1	1 117.4	
余庆县	2 211.7	2 001.9	74.5	135.3	
习水县	7 459.0	6 896.6	56.0	506.4	
赤水市	25 693.3	6 012.1	59.6	19 621.6	

续 8-4

分　布	创新费用合计	内部 R&D 活动经费支出	外部 R&D 活动经费支出	获得机器设备和软件经费支出	从外部获取相关技术经费支出
仁怀市	499 300.2	14 336.4	1 618.9	483 200.8	144.1
安顺市	148 504.8	102 943.5	7 209.5	37 579.4	772.4
西秀区	101 880.9	62 848.0	5 552.8	32 715.3	764.8
平坝区	23 325.9	19 319.1	955.8	3 051.0	
普定县	13 090.7	11 501.9	76.7	1 510.5	1.6
镇宁布依族苗族自治县	6 323.4	5 992.3	164.9	166.2	
关岭布依族苗族自治县	3 013.2	2 409.4	459.3	138.5	6.0
紫云苗族布依族自治县	870.8	872.8		-2.0	
毕节市	47 332.9	27 286.2	1 416.6	18 626.2	3.9
七星关区	10 605.0	5 228.3		5 376.7	
大方县	5 201.8	3 885.1		1 316.7	
金沙县	2 446.1	643.7	121.1	1 677.4	3.9
织金县	8 896.5	6 020.6		2 875.9	
纳雍县	1 989.4			1 989.4	
威宁彝族回族苗族自治县	4 544.7	2 635.2	56.6	1 852.9	
赫章县	1 283.3	1 193.4		89.9	
黔西市	12 366.4	7 679.9	1 238.9	3 447.6	
铜仁市	81 139.8	63 875.4	653.6	16 440.4	170.4
碧江区	10 283.9	6 167.8	555.7	3 425.0	135.4
万山区	3 458.0	1 512.8	43.4	1 901.8	
江口县	496.3	108.2	5.7	382.4	
玉屏侗族自治县	50 131.5	45 010.8	26.5	5 094.2	
石阡县	2 253.1	1 969.6		283.5	
思南县	6 032.6	5 784.2		248.4	
印江土家族苗族自治县	3 114.8			3 114.8	
德江县	2 105.7	1 784.4		321.3	
沿河土家族自治县	683.8	78.1		605.7	
松桃苗族自治县	2 580.4	1 459.5	22.3	1 063.6	35.0
黔西南布依族苗族自治州	185 018.6	98 906.8	1 601.5	84 259.1	251.2
兴义市	40 380.0	20 863.0	1 061.3	18 401.7	54.0
兴仁市	18 605.7	2 731.6	99.4	15 577.5	197.2
普安县	35 750.6	12 159.7		23 590.9	
晴隆县	9 488.9	9 069.1		419.8	
贞丰县	39 208.3	15 926.5	440.8	22 841.0	
望谟县	11 237.8	10 479.3		758.5	
册亨县	6 192.5	5 901.7		290.8	
安龙县	24 155.0	21 775.9		2 379.1	

续 8-4

分布	创新费用合计	内部R&D活动经费支出	外部R&D活动经费支出	获得机器设备和软件经费支出	从外部获取相关技术经费支出
黔东南苗族侗族自治州	36 478.1	34 144.0	654.4	1 679.7	
凯里市	9 955.7	8 585.8	302.6	1 067.3	
黄平县	475.2	475.2			
施秉县	855.8	659.5		196.3	
三穗县	2 190.4	2 163.2		27.2	
镇远县	3 535.9	3 520.5	8.0	7.4	
岑巩县	3 710.4	3 664.1		46.3	
天柱县	761.3	701.3		60.0	
锦屏县	665.8	382.9	282.9		
剑河县	523.2	523.2			
台江县	8 172.2	8 128.2		44.0	
黎平县	785.9	763.4		22.5	
榕江县	1 629.0	1 629.0			
从江县	1 639.2	1 573.2	40.0	26.0	
雷山县	263.9	181.0		82.9	
麻江县	341.6	225.4	16.2	100.0	
丹寨县	972.8	968.1	4.7		
黔南布依族苗族自治州	210 499.3	126 195.4	1 831.6	82 472.3	
都匀市	4 148.6	3 749.2		399.4	
福泉市	102 161.3	31 060.1	1 272.1	69 829.1	
荔波县	1 233.6	1 118.0		115.6	
贵定县	5 056.8	4 269.3		787.5	
瓮安县	21 124.9	19 416.9		1 708.0	
独山县	10 163.9	9 528.2		635.7	
平塘县	1 317.4	1 243.8		73.6	
罗甸县	6 893.6	6 504.7		388.9	
长顺县	6 243.3	4 802.5	10.7	1 430.1	
龙里县	36 744.7	32 625.5	508.8	3 610.4	
惠水县	10 461.2	7 465.3	40.0	2 955.9	
三都水族自治县	4 950.3	4 411.9		538.4	
按登记注册类型					
内资企业	2 754 377.9	1 389 865.4	108 486.1	1 235 846.7	20 179.7
国有企业	130 510.4	73 903.1	12 974.6	43 274.7	358.0
集体企业	293.9	293.9			
股份合作企业	719.5	444.5		275.0	
联营企业					
国有与集体联营企业					

续8－4

分　布	创新费用合计	内部 R&D 活动经费支出	外部 R&D 活动经费支出	获得机器设备和软件经费支出	从外部获取相关技术经费支出
其他联营企业					
有限责任公司	1 315 294.0	781 851.6	60 076.5	455 667.0	17 698.9
国有独资公司	266 624.1	142 958.9	8 182.5	111 437.9	4 044.8
其他有限责任公司	1 048 669.9	638 892.7	51 894.0	344 229.1	13 654.1
股份有限公司	818 308.7	184 242.1	27 736.1	605 392.2	938.3
私营企业	489 251.5	349 130.2	7 698.9	131 237.9	1 184.5
私营独资企业	5 277.5	3 909.7	26.3	1 306.3	35.2
私营合伙企业	8 601.1	6 877.2	79.0	1 588.9	56.0
私营有限责任公司	429 267.2	306 583.5	3 773.6	117 816.8	1 093.3
私营股份有限公司	46 105.7	31 759.8	3 820.0	10 525.9	
港、澳、台商投资企业	37 148.9	13 436.4	594.7	23 117.8	
合资经营企业(港或澳、台资)	33 665.5	10 471.4	455.4	22 738.7	
港、澳、台商独资经营企业	3 483.5	2 965.0	139.3	379.2	
港、澳、台商投资股份有限公司					
其他港澳台投资企业					
外商投资企业	14 715.4	10 897.6	1 007.1	2 810.7	
中外合资经营企业	2 621.9	2 076.4		545.5	
中外合作经营企业	5 145.7	3 896.0	440.8	808.9	
外资企业	6 601.1	4 666.2	566.3	1 368.6	
外商投资股份有限公司	346.8	259.0		87.8	
其他外商投资企业					
按企业规模					
大型	1 663 918.2	677 664.7	69 567.5	905 423.4	11 262.6
中型	598 485.4	354 801.1	19 941.8	217 340.0	6 402.5
小型	462 238.0	336 418.3	7 706.0	115 816.7	2 297.0
微型	81 600.7	45 315.3	12 872.6	23 195.2	217.6
按控股情况					
国有控股	1 920 952.9	807 102.0	60 863.4	1 037 555.5	15 432.0
集体控股	37 919.0	22 459.6	102.2	14 690.0	667.2
私人控股	823 233.4	565 293.9	47 947.4	205 911.6	4 080.5
港澳台商控股	6 948.4	4 759.9	594.7	1 593.8	
外商控股	16 577.5	14 320.1	566.3	1 691.1	
其他	611.2	263.9	13.9	333.4	
按隶属关系					
中央	897 207.5	538 801.1	56 443.4	287 329.8	14 633.2
地方	977 920.3	240 451.6	3 963.0	731 280.2	2 225.5
其他	931 114.4	634 946.7	49 681.5	243 165.2	3 321.0
按是否为高新技术企业					
#是高新技术企业	1 392 069.5	835 431.1	78 595.7	463 817.8	14 224.9

8-5 规模(限额)以上企业创新合作情况

单位:个

分 布	开展创新合作的企业数	#与高等学校开展创新合作的企业数	与研究机构开展创新合作的企业数
总　计	3 290	720	493
按国民经济行业			
工业	1 846	494	381
采矿业	114	20	15
煤炭开采和洗选业	80	16	11
黑色金属矿采选业	2		1
有色金属矿采选业	3	1	1
非金属矿采选业	29	3	2
开采专业及辅助性活动			
制造业	1 643	460	351
农副食品加工业	151	43	40
食品制造业	63	23	16
酒、饮料和精制茶制造业	204	62	48
烟草制品业	3	1	1
纺织业	13	2	2
纺织服装、服饰业	18	4	3
皮革、毛皮、羽毛及其制品和制鞋业	15	1	1
木材加工和木、竹、藤、棕、草制品业	26	2	1
家具制造业	16	4	6
造纸和纸制品业	26	3	2
印刷和记录媒介复制业	20	5	1
文教、工美、体育和娱乐用品制造业	18	3	3
石油、煤炭及其他燃料加工业	7	1	1
化学原料和化学制品制造业	110	45	36
医药制造业	88	49	40
化学纤维制造业			
橡胶和塑料制品业	74	17	13
非金属矿物制品业	290	40	26
黑色金属冶炼和压延加工业	25	8	6
有色金属冶炼和压延加工业	48	16	13
金属制品业	81	14	8
通用设备制造业	46	17	11
专用设备制造业	47	13	12
汽车制造业	31	9	9
铁路、船舶、航空航天和其他运输设备制造业	36	20	15
电气机械和器材制造业	92	22	17
计算机、通信和其他电子设备制造业	59	24	12

续 8-5

分 布	开展创新合作的企业数	#与高等学校开展创新合作的企业数	与研究机构开展创新合作的企业数
仪器仪表制造业	14	6	3
其他制造业	10	3	2
废弃资源综合利用业	10	3	2
金属制品、机械和设备修理业	2		1
电力、热力、燃气及水生产和供应业	89	14	15
电力、热力生产和供应业	66	12	13
燃气生产和供应业	8	1	
水的生产和供应业	15	1	2
建筑业	244	60	29
房屋建筑业	145	38	17
土木工程建筑业	56	15	9
建筑安装业	20	3	2
建筑装饰、装修和其他建筑业	23	4	1
服务业	1 200	166	83
批发和零售业	818	53	30
批发业	302	24	16
零售业	516	29	14
重点服务业	382	113	53
交通运输、仓储和邮政业	62	5	3
铁路运输业			
道路运输业	41	4	2
水上运输业			
航空运输业	5		1
管道运输业			
多式联运和运输代理业	1		
装卸搬运和仓储业	5		
邮政业	10	1	
信息传输、软件和信息技术服务业	113	49	27
电信、广播电视和卫星传输服务	16	4	3
互联网和相关服务	23	8	6
软件和信息技术服务业	74	37	18
租赁和商务服务业	85	14	1
租赁业	5		
商务服务业	80	14	1
科学研究和技术服务业	92	42	19
研究和试验发展	6	3	2
专业技术服务业	84	38	17

续 8-5

分 布	开展创新合作的企业数	#与高等学校开展创新合作的企业数	与研究机构开展创新合作的企业数
科技推广和应用服务业	2	1	
水利、环境和公共设施管理业	30	3	3
生态保护和环境治理业	1	1	1
公共设施管理业	28	2	2
土地管理业	1		
按地区			
贵阳市	853	286	162
南明区	135	52	25
云岩区	100	27	14
花溪区	151	50	23
乌当区	60	27	18
白云区	122	47	35
观山湖区	153	47	25
开阳县	18	6	6
息烽县	15	5	1
修文县	43	17	12
清镇市	56	8	3
六盘水市	209	38	30
钟山区	49	10	7
六枝特区	26	2	3
水城区	64	16	9
盘州市	70	10	11
遵义市	560	108	74
红花岗区	84	21	16
汇川区	86	16	11
播州区	53	15	9
桐梓县	19	2	4
绥阳县	22	4	
正安县	30	5	2
道真仡佬族苗族自治县	21	2	2
务川仡佬族苗族自治县	10	2	1
凤冈县	34	5	3
湄潭县	35	9	11
余庆县	20	3	3
习水县	34	5	1
赤水市	28	4	3
仁怀市	84	15	8

续 8-5

分 布	开展创新合作的企业数	#与高等学校开展创新合作的企业数	与研究机构开展创新合作的企业数
安顺市	212	59	36
西秀区	88	23	13
平坝区	58	22	12
普定县	21	4	5
镇宁布依族苗族自治县	23	3	3
关岭布依族苗族自治县	14	6	3
紫云苗族布依族自治县	8	1	
毕节市	216	33	27
七星关区	71	14	6
大方县	22	2	2
金沙县	32	1	4
织金县	15	2	1
纳雍县	23	6	4
威宁彝族回族苗族自治县	25	4	5
赫章县	18		2
黔西市	10	4	3
铜仁市	241	59	50
碧江区	57	12	7
万山区	30	9	7
江口县	12	1	
玉屏侗族自治县	20	8	5
石阡县	20		2
思南县	23	3	7
印江土家族苗族自治县	24	13	14
德江县	19	7	5
沿河土家族自治县	10	1	1
松桃苗族自治县	26	5	2
黔西南布依族苗族自治州	292	28	33
兴义市	105	8	9
兴仁市	32	6	10
普安县	23	2	
晴隆县	14	2	2
贞丰县	23	2	4
望谟县	37	1	1
册亨县	31	2	2
安龙县	27	5	5
黔东南苗族侗族自治州	214	34	21

续 8-5

分　布	开展创新合作的企业数	#与高等学校开展创新合作的企业数	与研究机构开展创新合作的企业数
凯里市	55	11	4
黄平县	9	1	3
施秉县	6	1	3
三穗县	13	2	1
镇远县	15	1	1
岑巩县	11	3	1
天柱县	10	1	
锦屏县	7		
剑河县	10	1	2
台江县	9	2	1
黎平县	13	2	1
榕江县	21		
从江县	12	3	1
雷山县	9		1
麻江县	4	1	1
丹寨县	10	5	1
黔南布依族苗族自治州	492	74	59
都匀市	44	9	8
福泉市	50	9	6
荔波县	9	2	1
贵定县	34	2	1
瓮安县	38	10	5
独山县	29	3	4
平塘县	29	1	1
罗甸县	39	5	3
长顺县	52	4	6
龙里县	90	16	18
惠水县	52	6	1
三都水族自治县	26	7	5
按登记注册类型			
内资企业	3 228	701	480
国有企业	75	25	19
集体企业	9	2	1
股份合作企业	2		1
联营企业			
国有与集体联营企业			
其他联营企业			

续 8-5

分布	开展创新合作的企业数	#与高等学校开展创新合作的企业数	与研究机构开展创新合作的企业数
有限责任公司	965	283	171
国有独资公司	187	55	33
其他有限责任公司	778	228	138
股份有限公司	84	40	26
私营企业	2 093	351	262
私营独资企业	74	6	5
私营合伙企业	22	1	1
私营有限责任公司	1 947	323	240
私营股份有限公司	50	21	16
港、澳、台商投资企业	36	13	7
合资经营企业（港或澳、台资）	17	9	5
港、澳、台商独资经营企业	18	4	2
港、澳、台商投资股份有限公司			
其他港澳台投资企业	1		
外商投资企业	26	6	6
中外合资经营企业	5	1	1
中外合作经营企业	1	1	1
外资企业	17	3	3
外商投资股份有限公司	2		
其他外商投资企业	1	1	1
按企业规模			
大型	170	95	60
中型	616	155	90
小型	2 072	432	307
微型	432	38	36
按控股情况			
国有控股	611	208	137
集体控股	36	11	4
私人控股	2 588	488	344
港澳台商控股	31	8	3
外商控股	22	5	5
其他	2		
按隶属关系			
中央	172	82	49
地方	360	115	73
其他	2 758	523	371
按是否为高新技术企业			
#是高新技术企业	531	278	154

8-6 规模(限额)以上企业组织和营销创新情况

单位:个

分布	有组织(管理)创新或营销创新的企业数	#有组织(管理)创新的企业数	有营销创新的企业数
总　计	3 854	3 224	2 487
按国民经济行业			
工业	1 904	1 583	1 315
采矿业	121	114	41
煤炭开采和洗选业	75	73	19
黑色金属矿采选业	4	4	2
有色金属矿采选业	9	7	3
非金属矿采选业	33	30	17
开采专业及辅助性活动			
制造业	1 688	1 383	1 241
农副食品加工业	170	123	149
食品制造业	67	52	65
酒、饮料和精制茶制造业	222	154	196
烟草制品业	3	3	1
纺织业	14	12	7
纺织服装、服饰业	17	16	12
皮革、毛皮、羽毛及其制品和制鞋业	16	12	13
木材加工和木、竹、藤、棕、草制品业	33	26	27
家具制造业	13	10	10
造纸和纸制品业	33	28	24
印刷和记录媒介复制业	24	19	18
文教、工美、体育和娱乐用品制造业	10	7	10
石油、煤炭及其他燃料加工业	6	5	5
化学原料和化学制品制造业	103	85	77
医药制造业	87	72	72
化学纤维制造业			
橡胶和塑料制品业	68	56	55
非金属矿物制品业	291	250	180
黑色金属冶炼和压延加工业	22	20	8
有色金属冶炼和压延加工业	57	54	33
金属制品业	84	76	54
通用设备制造业	56	52	31
专用设备制造业	48	44	32
汽车制造业	30	23	22
铁路、船舶、航空航天和其他运输设备制造业	28	27	10
电气机械和器材制造业	92	80	65
计算机、通信和其他电子设备制造业	57	47	42

续 8-6

分 布	有组织(管理)创新或营销创新的企业数	#有组织(管理)创新的企业数	有营销创新的企业数
仪器仪表制造业	12	7	9
其他制造业	15	13	10
废弃资源综合利用业	8	8	3
金属制品、机械和设备修理业	2	2	1
电力、热力、燃气及水生产和供应业	95	86	33
电力、热力生产和供应业	58	54	13
燃气生产和供应业	13	10	10
水的生产和供应业	24	22	10
建筑业	335	318	102
房屋建筑业	209	196	57
土木工程建筑业	73	69	25
建筑安装业	22	22	10
建筑装饰、装修和其他建筑业	31	31	10
服务业	1 615	1 323	1 070
批发和零售业	1 166	922	833
批发业	440	371	257
零售业	726	551	576
重点服务业	449	401	237
交通运输、仓储和邮政业	80	70	38
铁路运输业			
道路运输业	54	45	24
水上运输业			
航空运输业	4	4	3
管道运输业			
多式联运和运输代理业	2	2	1
装卸搬运和仓储业	9	8	3
邮政业	11	11	7
信息传输、软件和信息技术服务业	113	100	80
电信、广播电视和卫星传输服务	22	20	15
互联网和相关服务	25	23	16
软件和信息技术服务业	66	57	49
租赁和商务服务业	117	103	65
租赁业	5	5	2
商务服务业	112	98	63
科学研究和技术服务业	95	90	37
研究和试验发展	5	5	2
专业技术服务业	89	84	34

续 8-6

分 布	有组织(管理)创新或营销创新的企业数	#有组织(管理)创新的企业数	有营销创新的企业数
科技推广和应用服务业	1	1	1
水利、环境和公共设施管理业	44	38	17
生态保护和环境治理业	1	1	
公共设施管理业	41	35	17
土地管理业	2	2	
按地区			
贵阳市	983	833	618
南明区	150	124	94
云岩区	131	115	76
花溪区	174	147	112
乌当区	69	56	51
白云区	120	106	71
观山湖区	177	148	111
开阳县	20	17	8
息烽县	19	15	16
修文县	52	45	36
清镇市	71	60	43
六盘水市	268	235	153
钟山区	66	57	38
六枝特区	35	30	20
水城区	75	68	41
盘州市	92	80	54
遵义市	638	508	423
红花岗区	101	83	66
汇川区	100	85	57
播州区	69	59	39
桐梓县	25	19	13
绥阳县	23	21	17
正安县	26	23	22
道真仡佬族苗族自治县	19	16	13
务川仡佬族苗族自治县	11	11	7
凤冈县	35	30	26
湄潭县	31	21	26
余庆县	23	17	17
习水县	42	36	25
赤水市	37	26	26
仁怀市	96	61	69

续 8-6

分　布	有组织(管理)创新或营销创新的企业数	#有组织(管理)创新的企业数	有营销创新的企业数
安顺市	257	212	170
西秀区	105	87	64
平坝区	62	51	41
普定县	32	25	23
镇宁布依族苗族自治县	26	19	22
关岭布依族苗族自治县	19	17	12
紫云苗族布依族自治县	13	13	8
毕节市	271	235	153
七星关区	99	87	58
大方县	28	24	14
金沙县	40	31	25
织金县	19	18	8
纳雍县	27	25	11
威宁彝族回族苗族自治县	29	23	22
赫章县	20	18	10
黔西市	9	9	5
铜仁市	286	244	200
碧江区	74	59	52
万山区	40	34	31
江口县	12	9	8
玉屏侗族自治县	35	30	21
石阡县	21	17	15
思南县	13	12	6
印江土家族苗族自治县	24	23	23
德江县	21	21	14
沿河土家族自治县	15	14	7
松桃苗族自治县	31	25	23
黔西南布依族苗族自治州	344	304	221
兴义市	153	135	88
兴仁市	41	39	23
普安县	19	18	11
晴隆县	16	14	9
贞丰县	32	29	24
望谟县	27	21	25
册亨县	30	23	26
安龙县	26	25	15
黔东南苗族侗族自治州	258	207	164

续 8-6

分 布	有组织(管理)创新或营销创新的企业数	#有组织(管理)创新的企业数	有营销创新的企业数
凯里市	69	55	40
黄平县	10	6	7
施秉县	6	4	4
三穗县	10	8	5
镇远县	16	14	8
岑巩县	14	12	8
天柱县	16	13	9
锦屏县	9	7	7
剑河县	11	9	6
台江县	9	8	7
黎平县	18	14	14
榕江县	24	19	16
从江县	17	16	10
雷山县	13	11	11
麻江县	7	4	6
丹寨县	9	7	6
黔南布依族苗族自治州	548	445	384
都匀市	66	47	41
福泉市	59	52	35
荔波县	14	12	7
贵定县	39	29	36
瓮安县	48	38	30
独山县	35	29	25
平塘县	20	15	15
罗甸县	47	43	34
长顺县	50	44	37
龙里县	80	68	59
惠水县	58	46	43
三都水族自治县	32	22	22
按登记注册类型			
内资企业	3 792	3 175	2 448
国有企业	65	58	38
集体企业	16	14	4
股份合作企业	2		2
联营企业			
国有与集体联营企业			
其他联营企业			

续 8-6

分 布	有组织(管理)创新或营销创新的企业数	#有组织(管理)创新的企业数	有营销创新的企业数
有限责任公司	1 103	950	644
国有独资公司	237	210	114
其他有限责任公司	866	740	530
股份有限公司	83	71	56
私营企业	2 523	2 082	1 704
私营独资企业	97	72	68
私营合伙企业	28	23	16
私营有限责任公司	2 349	1 946	1 584
私营股份有限公司	49	41	36
港、澳、台商投资企业	37	31	22
合资经营企业(港或澳、台资)	18	15	9
港、澳、台商独资经营企业	17	14	12
港、澳、台商投资股份有限公司	1	1	1
其他港澳台投资企业	1	1	
外商投资企业	25	18	17
中外合资经营企业	4	3	3
中外合作经营企业	1	1	
外资企业	17	13	11
外商投资股份有限公司	2		2
其他外商投资企业	1	1	1
按企业规模			
大型	152	140	73
中型	723	611	443
小型	2 433	2 032	1 619
微型	546	441	352
按控股情况			
国有控股	678	597	343
集体控股	48	39	21
私人控股	3 072	2 541	2 087
港澳台商控股	32	28	19
外商控股	22	17	15
其他	2	2	2
按隶属关系			
中央	155	140	74
地方	403	355	214
其他	3 296	2 729	2 199
按是否为高新技术企业			
#是高新技术企业	482	418	322

8-7 规模(限额)以上企业保持和提高竞争力采取措施

单位:个

分 布	申请了专利的企业数	申请了注册商标的企业数	申请了版权登记的企业数	形成了国家或行业技术标准的企业数	对技术秘密进行内部保护的企业数	应用了难以复制的复杂技术的企业数	发挥了时间上的先发优势的企业数
总　计	829	1 208	309	777	1 273	307	2 805
按国民经济行业							
工业	678	810	156	442	832	174	1 035
采矿业	16	16	3	21	51	14	127
煤炭开采和洗选业	12		1	12	31	7	57
黑色金属矿采选业	1	2				2	3
有色金属矿采选业		1		2	3	1	14
非金属矿采选业	3	13	2	7	17	4	53
开采专业及辅助性活动							
制造业	630	781	148	369	740	147	849
农副食品加工业	34	116	19	28	57	11	80
食品制造业	10	48	17	17	27	5	21
酒、饮料和精制茶制造业	43	179	28	38	62	16	96
烟草制品业	2	1		1	1		
纺织业	6	4	1	2	4	2	10
纺织服装、服饰业	1	7		1	5		14
皮革、毛皮、羽毛及其制品和制鞋业	2	5	1	3	4	2	12
木材加工和木、竹、藤、棕、草制品业	3	15	2	1	12	2	22
家具制造业	4	10	3	6	6	3	11
造纸和纸制品业	8	16	5	4	11	1	14
印刷和记录媒介复制业	8	4	3	6	14		12
文教、工美、体育和娱乐用品制造业	8	9	4	1	6	2	6
石油、煤炭及其他燃料加工业	1	1		1	3		2
化学原料和化学制品制造业	54	38	7	21	62	12	52
医药制造业	57	48	7	25	33	2	15
化学纤维制造业	1						1
橡胶和塑料制品业	35	36	3	10	29	8	34
非金属矿物制品业	61	92	14	81	176	35	244
黑色金属冶炼和压延加工业	8	6		6	15	4	11
有色金属冶炼和压延加工业	27	19	2	9	22	4	22
金属制品业	25	20	10	21	28	6	50
通用设备制造业	29	15	2	10	23	4	10
专用设备制造业	33	16	1	13	23	3	19
汽车制造业	18	6		6	7	4	12
铁路、船舶、航空航天和其他运输设备制造业	35	5	2	10	24	3	4

续 8-7

分　布	申请了专利的企业数	申请了注册商标的企业数	申请了版权登记的企业数	形成了国家或行业技术标准的企业数	对技术秘密进行内部保护的企业数	应用了难以复制的复杂技术的企业数	发挥了时间上的先发优势的企业数
电气机械和器材制造业	56	38	6	30	44	5	39
计算机、通信和其他电子设备制造业	41	19	7	10	24	9	24
仪器仪表制造业	11	3	2	2	8		3
其他制造业	4	4	2	3	5	2	6
废弃资源综合利用业	4	1		3	4	2	3
金属制品、机械和设备修理业	1				1		
电力、热力、燃气及水生产和供应业	32	13	5	52	41	13	59
电力、热力生产和供应业	28	8	5	32	25	11	37
燃气生产和供应业	1	2		6	7	1	3
水的生产和供应业	3	3		14	9	1	19
建筑业	39	51	12	85	92	28	304
房屋建筑业	24	28	7	50	52	14	198
土木工程建筑业	8	9	3	20	18	8	52
建筑安装业	2	3	1	5	10	3	26
建筑装饰、装修和其他建筑业	5	11	1	10	12	3	28
服务业	112	347	141	250	349	105	1 466
批发和零售业		265	73	176	232	70	1 165
批发业		108	32	58	92	32	428
零售业		157	41	118	140	38	737
重点服务业	112	82	68	74	117	35	301
交通运输、仓储和邮政业	1	11	2	17	13	5	80
铁路运输业		1					
道路运输业	1	7	1	11	7	5	55
水上运输业							
航空运输业		1	1		1		1
管道运输业							1
多式联运和运输代理业					1		1
装卸搬运和仓储业		1		3			10
邮政业		1		3	4		12
信息传输、软件和信息技术服务业	57	32	44	16	42	13	36
电信、广播电视和卫星传输服务	4	3	2	5	7		6
互联网和相关服务	13	5	7	2	7	7	8
软件和信息技术服务业	40	24	35	9	28	6	22
租赁和商务服务业	3	23	5	9	24	8	128
租赁业				3	2	1	4
商务服务业	3	23	5	6	22	7	124
科学研究和技术服务业	48	10	15	25	34	6	36

续 8 －7

分　布	申请了专利的企业数	申请了注册商标的企业数	申请了版权登记的企业数	形成了国家或行业技术标准的企业数	对技术秘密进行内部保护的企业数	应用了难以复制的复杂技术的企业数	发挥了时间上的先发优势的企业数
研究和试验发展	6		1	2	1		
专业技术服务业	40	10	14	23	33	6	36
科技推广和应用服务业	2						
水利、环境和公共设施管理业	3	6	2	7	4	3	21
生态保护和环境治理业	1				1		1
公共设施管理业	2	6	2	7	3	3	18
土地管理业							2
按地区							
贵阳市	359	283	111	202	358	77	562
南明区	54	35	19	35	47	17	88
云岩区	28	29	8	25	36	7	94
花溪区	69	45	14	28	62	11	103
乌当区	32	26	9	12	32	7	33
白云区	71	34	12	25	52	9	34
观山湖区	59	43	32	32	45	9	88
开阳县	8	9	5	3	8	6	15
息烽县	5	7	2	6	14	1	15
修文县	20	25	6	13	22	2	18
清镇市	13	30	4	23	40	8	74
六盘水市	43	53	16	47	79	21	178
钟山区	8	7	3	15	22	8	46
六枝特区	5	7	1	7	9	2	15
水城区	13	13	2	10	23	4	50
盘州市	17	26	10	15	25	7	67
遵义市	138	243	50	121	227	55	443
红花岗区	29	30	6	27	48	13	91
汇川区	28	14	4	13	28	7	61
播州区	12	21	7	15	23	11	52
桐梓县	5	8	1	9	9	1	10
绥阳县	3	5	1	2	6	2	14
正安县	15	7	2	7	12	5	38
道真仡佬族苗族自治县	2	5		1	3		16
务川仡佬族苗族自治县	1	2		6	1		5
凤冈县	2	9			8		29
湄潭县	13	14	4	10	10	2	21
余庆县	4	14	2	3	5	1	19
习水县	5	9	2	5	15	2	18

续 8-7

分 布	申请了专利的企业数	申请了注册商标的企业数	申请了版权登记的企业数	形成了国家或行业技术标准的企业数	对技术秘密进行内部保护的企业数	应用了难以复制的复杂技术的企业数	发挥了时间上的先发优势的企业数
赤水市	9	29	4	5	40	5	19
仁怀市	10	76	17	18	19	6	50
安顺市	69	94	13	66	98	23	185
西秀区	29	44	6	24	42	6	91
平坝区	32	19	3	21	22	7	29
普定县	2	8	1	6	14	5	27
镇宁布依族苗族自治县	5	8	1	3	11	3	16
关岭布依族苗族自治县	1	9	1	9	6		12
紫云苗族布依族自治县		6	1	3	3	2	10
毕节市	48	46	15	45	73	17	266
七星关区	16	17	6	14	23	5	94
大方县		5	1	11	7	1	28
金沙县	7	8	2	5	7	3	27
织金县		4		3	4	2	18
纳雍县	3	6	2	6	18	2	25
威宁彝族回族苗族自治县	9	6	3	2	5	2	46
赫章县	6		3		6	2	23
黔西市	7		1	1	3		5
铜仁市	34	169	24	63	66	15	180
碧江区	11	9	5	11	7	2	46
万山区	2	7	5	11	4	2	16
江口县		2		2	1	1	9
玉屏侗族自治县	8	8	2	8	7	4	13
石阡县	2	9	2	3	3	2	13
思南县		22	3	7	16	1	10
印江土家族苗族自治县		49	3	1	17	1	21
德江县	4	35		6	5		15
沿河土家族自治县	1	8		10	2	2	24
松桃苗族自治县	6	20	4	4	4		13
黔西南布依族苗族自治州	29	68	17	57	91	33	271
兴义市	12	36	11	35	35	15	115
兴仁市	3	8	1	3	16	3	49
普安县	2	5		1	9	1	19
晴隆县	1	1	1	4	2	3	7
贞丰县	2	4	1	6	8	3	13
望谟县	1	2	2	1	4	1	27
册亨县		2		1	7	2	24

续 8-7

分 布	申请了专利的企业数	申请了注册商标的企业数	申请了版权登记的企业数	形成了国家或行业技术标准的企业数	对技术秘密进行内部保护的企业数	应用了难以复制的复杂技术的企业数	发挥了时间上的先发优势的企业数
安龙县	8	10	1	6	10	5	17
黔东南苗族侗族自治州	42	65	11	52	87	16	196
凯里市	20	16	3	24	19	3	59
黄平县	2	3	1	1	2		4
施秉县	1	2	1	1	3		3
三穗县	1	3	1	2	4	1	11
镇远县	2	4	1	1	4		8
岑巩县	2	2	1	4	6		9
天柱县	2	2		2	6	1	17
锦屏县		2		1	5	1	11
剑河县		2		1	4	2	8
台江县	4	2	1		5		7
黎平县	2	3		1	7	2	14
榕江县	1	1		1	8	3	20
从江县	2	11	1	4	4	1	5
雷山县	1	4		2	2	2	7
麻江县		3	1	3	4		9
丹寨县	2	5		4	4		4
黔南布依族苗族自治州	66	187	52	123	194	50	523
都匀市	2	17	3	19	16	5	35
福泉市	11	10	6	8	16	9	35
荔波县	2	4	1	4	3	2	21
贵定县	5	6	2	9	19	2	45
瓮安县	3	10	2	10	6	2	49
独山县	3	13		5	9	3	33
平塘县		6	2	3	32	3	58
罗甸县	2	10	2	6	16	4	45
长顺县	7	16	1	14	20	1	73
龙里县	26	51	27	27	34	4	69
惠水县	5	31	2	11	15	5	26
三都水族自治县		13	4	7	8	10	34
按登记注册类型							
内资企业	806	1 193	307	756	1 246	302	2 777
国有企业	24	16	9	23	22	6	37
集体企业	1	2		4			13
股份合作企业	1	2		3	1		
联营企业						1	

续 8-7

分 布	申请了专利的企业数	申请了注册商标的企业数	申请了版权登记的企业数	形成了国家或行业技术标准的企业数	对技术秘密进行内部保护的企业数	应用了难以复制的复杂技术的企业数	发挥了时间上的先发优势的企业数
国有与集体联营企业							
其他联营企业						1	
有限责任公司	324	280	80	231	344	85	631
国有独资公司	56	61	17	50	60	17	120
其他有限责任公司	268	219	63	181	284	68	511
股份有限公司	56	34	12	29	41	6	26
私营企业	400	859	206	466	838	204	2 070
私营独资企业	3	31	6	21	22	9	118
私营合伙企业	2		1	4	3	2	30
私营有限责任公司	368	804	182	426	793	190	1 898
私营股份有限公司	27	24	17	15	20	3	24
港、澳、台商投资企业	13	8	1	11	14	5	20
合资经营企业（港或澳、台资）	10	3		6	7	3	8
港、澳、台商独资经营企业	3	5	1	5	7	2	11
港、澳、台商投资股份有限公司							
其他港澳台投资企业							1
外商投资企业	10	7	1	10	13		8
中外合资经营企业	4	2		4			1
中外合作经营企业	1			1			
外资企业	5	3		5	6		7
外商投资股份有限公司		1		4	1		
其他外商投资企业		1	1	1	1		
按企业规模							
大型	101	34	16	51	58	13	42
中型	188	170	62	131	203	53	425
小型	515	860	201	479	845	181	1 700
微型	25	144	30	116	167	60	638
按控股情况							
国有控股	241	174	62	175	223	47	335
集体控股	9	9	3	15	7	2	30
私人控股	562	1 014	242	568	1 023	254	2 415
港澳台商控股	7	5	1	13	9	3	17
外商控股	8	6	1	6	10		8
其他	2				1	1	
按隶属关系							
中央	117	33	15	62	80	19	48
地方	114	121	41	91	115	26	229
其他	598	1 054	253	624	1 078	262	2 528
按是否为高新技术企业							
#是高新技术企业	431	139	61	111	202	40	118